Ciências da Terra

Módulo 2
Origem e formação de minerais, rochas e solos

Organizadores: Rômulo Machado e Joel Barbujiani Sigolo

Prefácio: Rudolph Allard Johannes Trouw

1ª edição
São Paulo, 2019

Ciências da Terra
Módulo 2 – Origem e formação de minerias, rochas e solos
© IBEP, 2019

Diretor superintendente	Jorge Yunes
Diretora editorial	Célia de Assis
Organizadores editores	Rômulo Machado e Joel Barbujiani Sigolo
Revisão	Denise Santos
Secretaria editorial e Produção gráfica	Elza Mizue Hata Fujihara
Assistente de secretaria editorial	Juliana Ribeiro Souza
Assistente de produção gráfica	Marcelo Ribeiro
Assistente de arte	Aline Benitez
Assistentes de iconografia	Victoria Lopes
Processos editoriais e tecnologia	Elza Mizue Hata Fujihara
Projeto gráfico	M10
Capa	Departamento de Arte Ibep
Diagramação	M10

CIP-BRASIL. CATALOGAÇÃO NA PUBLICAÇÃO
SINDICATO NACIONAL DOS EDITORES DE LIVROS, RJ

C511

Ciências da terra : módulo 2 : origem e formação de minerais, rochas e solos / organização Rômulo Machado, Joel B. Sigolo ; prefácio Rudolph Allard Johannes Trouw ; autores André Virmond Lima Bittencourt ... [et al.] - 1. ed. - São Paulo : IBEP, 2019.
144 p. : il. ; 24 cm.

Inclui bibliografia
ISBN 978-85-342-4217-2

1. Geociências - Estudo e ensino (Superior). 2. Geologia - Estudo e ensino (Superior). I. Machado, Rômulo. II. Sigolo, Joel B. III. Trouw, Rudolph Allard Johannes. IV. Bittencourt, André Virmond Lima.

19-60345   CDD: 551
                               CDU: 551.1/.4

Meri Gleice Rodrigues de Souza - Bibliotecária CRB-7/6439

25/09/2019   30/09/2019

1ª edição – São Paulo – 2019
Todos os direitos reservados.

Av. Alexandre Mackenzie, 619
Jaguaré – São Paulo – SP – 05322-000 – Brasil
Tel.: 11 2799-7799
www.ibep-nacional.com.br   editoras@ibep-nacional.com.br

Apresentação dos organizadores

As Ciências da Terra ganharam importância oficial a partir de 1972, em Estocolmo, Suécia, quando foi organizada a Conferência da Organização das Nações Unidas – ONU sobre Desenvolvimento Humano e Meio Ambiente, resultando daí a primeira Declaração Universal sobre o tema e o Programa para o Meio Ambiente do organismo. A partir de então, o ser humano começou a se preocupar oficialmente com o planeta Terra.

Em 1988, por iniciativa da ONU e da Organização Meteorológica Mundial, foi realizado o primeiro Painel Intergovernamental sobre Mudanças Climáticas – PIMC (ou IPCC, sigla em inglês de Intergovernmental Panel on Climate Change). Seguiram-se outros eventos sobre mudanças climáticas em 1992 e 2012 (Rio de Janeiro), 1997 (Kyoto), 2002 (Johanesburgo) e 2018 (Paris). Os relatórios desses eventos mostram a grande preocupação com as mudanças climáticas e suas consequências para o meio ambiente e para a saúde do ser humano e propõem meios para combater o aquecimento global, incluindo mudanças como a adoção de uma economia mais limpa, sustentável e com menor impacto ao meio ambiente.

As Ciências da Terra também ganharam destaque com a realização do Ano Internacional do Planeta Terra – AIPT em 2008, com início em 2007 e término em 2009. O AIPT foi idealizado durante o Congresso Internacional de Geologia do Rio de Janeiro, em 2000, e proclamado pela ONU em 2005. Recomendado por 23 cientistas de vários países, o programa do AIPT foi centrado em dois grandes focos: o científico e o de divulgação. O foco científico envolveu dez temas abrangentes de grande impacto social, incluindo água subterrânea, desastres naturais, clima, recursos naturais (minerais e energia), (mega)cidades, núcleo e crosta terrestres, oceanos, solos, Terra e saúde e Terra e vida.

Nesse contexto e considerando a ausência de um livro didático em Ciências da Terra no país com abrangência hoje requerida, os organizadores e editores desta obra tomaram para si o desafio de preencher essa grande lacuna e colocar à disposição dos estudantes de cursos introdutórios universitários um livro com uma concepção diferente daquela dos livros publicados até o momento e com uma linguagem que se aproxima daquela encontrada nos livros didáticos do Ensino Médio.

A obra, com 31 capítulos, será publicada em cinco módulos. O Módulo 1 – dividido em cinco capítulos – aborda a origem, a estrutura e a formação do Sistema Solar, terremotos e sismicidade no Brasil, composição, propriedades físicas, estrutura interna da Terra e Tectônica de Placas. O Módulo 2 – dividido em sete capítulos – contempla o estudo da origem, a classificação e a composição dos minerais, das rochas ígneas (vulcânicas e plutônicas), sedimentares e metamórficas, intemperismo e formação dos solos, estruturas geológicas, formas e processos. O Módulo 3 – dividido em sete capítulos – contempla o ciclo da água no planeta em seus diferentes estados, tipos de reservatórios (atmosfera, oceanos, lagos, geleiras, rios e água subterrânea), conflitos, disponibilidade, distribuição, poluição e gerenciamento, origem e evolução da atmosfera atual, células atmosféricas, influência nos fenômenos meteorológicos, mecanismos de transporte e produtos de deposição do vento. O Módulo 4 – dividido em seis capítulos – contempla o histórico e a evolução do conhecimento sobre a Terra e pesquisa geológica no Brasil, do pensamento e da geocronologia sobre a idade do planeta, a origem da vida no Pré-Cambriano e sua evolução no Fanerozoico, no Mesozoico e no Cenozoico. O Módulo 5 – dividido em seis capítulos – contempla os recursos naturais, energia, meio ambiente e o papel do homem no planeta, riscos e desastres naturais, geoconservação e as mudanças globais.

Um grande esforço dos organizadores foi no sentido de manter uma homogeneidade e o mesmo nível de abordagem dos capítulos e módulos que compõem toda obra. Os capítulos iniciam-se com os principais conceitos e finalizam com uma revisão dos mesmos e/ou com atividades que utilizam os conceitos desenvolvidos em cada capítulo. Incluem ainda um glossário com a definição dos termos mais relevantes e uma lista de referências bibliográficas.

Foram priorizadas as imagens (ilustrações e fotografias) de exemplos brasileiros e de países vizinhos (Argentina, Chile e Peru) e da África, incluindo algumas delas de países europeus. A equipe de autores e colaboradores é formada por professores e pesquisadores de várias universidades e instituições públicas brasileiras, como Universidade de São Paulo (USP), Instituto de Pesquisas Tecnológicas (IPT), Universidade Federal do Rio de Janeiro (UFRJ), Museu Nacional, Universidade Federal do Paraná (UFPR), Universidade Federal de Sergipe (UFS), Universidade Federal do Pará (UFPa), Universidade Federal de São Paulo (Unifesp), incluindo também profissionais liberais e autônomos.

Na expectativa de que o conteúdo desta obra venha despertar o interesse de estudantes – universitários e do Ensino Médio – e do público interessado em compreender a história geológica do planeta desde sua origem, há 4,56 bilhões de anos, passando por inúmeras transformações, incluindo a formação e o fechamento de oceanos, colisão de continentes (supercontinentes) até a formação de cadeias de montanhas. Esses supercontinentes se rompem e se fragmentam depois em continentes menores, seguindo ciclos que se repetiram várias vezes no passado geológico, sendo conhecido hoje como Ciclo de Wilson, cuja duração é de aproximadamente 200 a 300 milhões de anos. Essas transformações foram acompanhadas na superfície do planeta por mudanças climáticas, de circulação atmosférica, da calota polar, do tipo de intemperismo, das formas de relevo, da atividade vulcânica, bem como pelo surgimento da vida, nos oceanos e na terra.

Agradecemos ao Instituto de Geociências da Universidade de São Paulo pelo apoio nas diversas etapas de produção desta obra, bem como a vários funcionários e colegas dessa instituição, especialmente aqueles que se dispuseram a fazer a leitura crítica de vários de seus capítulos, como o prof. dr. Kenitiro Suguio, ao geólogo Roger Marcondes Abs, aos diversos autores dos capítulos e aos professores doutores Umberto Giuseppe Cordani (USP), Rudolph Johannes Trouw (UFRJ), Benjamin Bley de Brito Neves (USP) e José do Patrocínio Tomaz de Albuquerque (UFCG), o quais engrandeceram sobremaneira esta obra: o primeiro, prefaciando o Módulo 1; o segundo, o Módulo 2; e os dois últimos, o Módulo 3. Agradecemos também a equipe da M10-Editorial, que foi responsável pela diagramação e projeto gráfico dos capítulos, e a equipe da Instituto Brasileiro de Edições Pedagógicas (Ibep), coordenada pela diretora editorial Célia de Assis, pelo seu competente e incansável trabalho, desempenhado desde a etapa inicial até a etapa final, que culminou com a produção deste livro. Agradecemos ainda aos funcionários do Museu de Geociências da USP, por cederam exemplares de minerais para obtenção de fotos que ilustram o livro, e a fotógrafa Adriana Pereira Guivo, pela qualidade das imagens do capítulo de minerais.

Por fim, somos gratos a todos os colegas brasileiros e estrangeiros que disponibilizaram várias imagens que ilustram muitos capítulos desta obra, a saber: P. Andrade, A. V. L. Bittencourt, D. C. Coelho, A. P. Crósta, H. Conceição, C. L. M. Bourotte, G. Campanha, A. C. R. Campos, F. M. Canile, J. G. Franchi, M. G. M. Garcia, P. C. Giannini, F. Mancini, T. R. Karniol, R. Linsker, I. McReath, A. S. de Oliveira, B. V. Oskarsson, Y. Ota, F. Penalva, M. Roverato, E. Sorrine, S. T. Velasco, J. Zampelli, F. W. Cruz Jr., M. C. Ulbrich, J. R. Silva de Oliveira e A. E. Correia.

Rômulo Machado e Joel Barbujiani Sigolo

Prefácio

É com grande prazer que atendo ao convite para escrever este prefácio. Qualquer tentativa de incrementar a divulgação da geologia em círculos mais amplos, incluindo escolas secundárias, merece elogios. Digo isso porque considero que a geologia é uma das ciências pouco entendida e divulgada entre o grande público. Embora o planeta Terra seja o elemento básico da natureza, que envolve toda a vida e quase tudo que conhecemos dela, a geologia, que é o estudo da Terra, em geral, é pouco ensinada nas escolas secundárias.

Geólogos são vistos como ligados à mineração e extração de petróleo, que, apesar dos benefícios para a economia, infelizmente ganham destaque no noticiário apenas quando ocorrem desastres.

Mas a geologia é uma ciência belíssima e espero que este livro ajude a abrir os olhos e despertar o interesse de muitas pessoas, para que possam perceber essa grande verdade. Desde que Charles Darwin, no século XIX, frisou que o tempo geológico é medido na escala de milhões e até bilhões de anos, ao contrário dos seis mil anos sugeridos em uma leitura literal da *Bíblia*, abriu-se um espaço enorme para entender os efeitos em longo prazo de processos como a evolução de espécies.

Dentro dessa escala de tempo, a erosão e a sedimentação também ganharam melhor entendimento, posto que grãozinho por grãozinho modificam a paisagem quando são transportados para o mar, onde, aos poucos, formam camadas sedimentares de até quilômetros de espessura.

Neste Módulo 2 são abordados aspectos de geologia ligados à observação direta das rochas em afloramentos e lâminas delgadas, que podem ser estudadas ao microscópio. Este módulo está vinculado ao trabalho de campo, que é ainda a principal ferramenta para mapear, classificar e entender a gênese das rochas e a relação entre elas, embora análises de laboratório, incluindo de geoquímica e geofísica, ajudem significativamente.

O primeiro capítulo trata de minerais, os "tijolinhos" que constituem as rochas. Todo mundo já viu minerais preciosos como diamantes, rubis e esmeraldas, mas pouca gente se dá conta de que toda rocha, por mais '"feia" que seja, é composta de grãozinhos ou cristais de minerais. Os minerais mais comuns são quartzo, feldspato e mica, que, ao serem vistos em lâmina delgada ao microscópio, mostram cores e estruturas fantásticas, graças às suas estruturas cristalinas diversas.

As rochas ígneas, assunto do segundo capítulo, inclui uma imensa variedade de granitos ornamentais, variando desde quase branco até preto, passando por amarelo, esverdeado e vermelho. O Brasil é um exportador importante desses granitos como rochas ornamentais. A maioria dessas rochas se formou por cristalização, a partir de um magma que se cristalizou em profundidade de vários quilômetros e só foi possível aflorar na superfície após milhões de anos de erosão de todas as rochas que estavam acima.

Outras rochas ígneas, que solidificam na superfície, são ligadas ao vulcanismo (capítulo 3). Uma sequência de vulcões que rodeiam o Oceano Pacífico é chamada "Cinturão de Fogo". Esse cinturão, que também é marcado por muitos terremotos, é consequência da Tectônica de

Placas. As formas cônicas de muitos vulcões, às vezes cobertos de neve, conferem um elemento panorâmico marcante, como no vulcão Fujyama, no Japão.

Muita gente não se dá conta de que os solos formam apenas uma capa de poucas dezenas de metros por cima das rochas que constituem a Terra. Esses solos são formados por intemperismo das rochas (capítulo 4), que se desintegram por ações físicas e químicas, muitas vezes misturado com restos orgânicos (húmus). Esses processos são fundamentais na formação dos solos utilizados na agricultura, uma das principais atividades econômicas do Brasil.

O capítulo 5 trata das rochas sedimentares. Essas rochas foram formadas a partir do acúmulo de sedimentos, que foram anteriormente carregados pelos rios. Na costa brasileira, temos vários exemplos desse tipo de transporte, que continuam ocorrendo até os dias de hoje. O Rio Amazonas é um desses exemplos: ele forma um delta enorme, constituído por sedimentos que aos poucos vão se compactando e, por dissolução e precipitação, se transformam em rochas. As rochas sedimentares têm grande importância econômica, porque podem conter petróleo, como é o caso do famoso depósito do pré-sal da margem continental atlântica do Brasil. As porções em que se acumulam esses sedimentos são chamadas bacias sedimentares. Exemplos são as bacias do Paraná, do Parnaíba e do Amazonas.

As rochas metamórficas, tratadas em capítulo 6, são produtos de intensa recristalização e deformação das rochas, ocorridas em profundidade de vários quilômetros. Geralmente se formam em função de colisões entre continentes, no processo de Tectônica de Placas. Depois de intensa erosão afloram em cadeias de montanhas que marcam as suturas de antigas colisões. No Brasil temos um exemplo nas faixas que contornam o cráton do São Francisco, de idade de 600-500 Ma, quando o supercontinente Gondwana foi formado por aglutinação de vários continentes menores. Diversas minas de ouro no Brasil estão situadas em rochas metamórficas.

Por fim, o capítulo 7 aborda as estruturas geológicas. É impressionante como as camadas sedimentares de posição original sub-horizontal são dobradas e empurradas uma sobre as outras nas chamadas faixas orogênicas (cadeias de montanhas). A visão ao longo da estrada, quando se aproxima dos Andes pelo Oeste de El Calafate, na Patagônia argentina, é um exemplo espetacular de dobras gigantescas registradas nas rochas. Outro exemplo, maior ainda, são os Himalaias, cadeia de montanhas que se formou pela colisão da Índia com a Ásia. A intensidade dos terremotos dá uma ideia da magnitude dos esforços que atuam na Terra em função desse tipo de colisão. Como resultado é possível observar dobras, falhas, foliações e lineações. Todas essas estruturas podem ser utilizadas para reconstruir a história colisional ocorrida a milhões ou bilhões de anos atrás. A formação do supercontinente Gondwana no final do Proterozoico, há cerca de 550 milhões de anos, é um desses exemplos.

Espero que os leitores e leitoras, incluindo estudantes, fiquem tão fascinados pela geologia, lendo este livro, como eu fiquei durante minha carreira de geólogo. Foi em parte a minha motivação de sair do meu país de nascimento, a Holanda, praticamente sem geologia interessante, para trabalhar no Brasil, onde a geologia é exuberante.

Rudolph Trouw
Professor Emérito da UFRJ

Origem e formação de minerais, rochas e solos

Escarpa vertical em rochas vulcânicas cenozoicas com formação de depósitos sedimentares recentes (tálus) no sopé mesma. Islândia.

Organizadores: Rômulo Machado e Joel Barbujiani Sigolo

Rômulo Machado
Geólogo pela Universidade Federal Rural do Rio de Janeiro (UFRRJ) (1973). Mestrado (1977), doutorado (1984), livre-docente (1997) e professor titular pela Universidade de São Paulo (2010). Pós-doutorado (1988-1989) pela Universidade de Paris-IV, França. Foi professor visitante da Escola de Minas de Paris (1990), com estágios de curta duração na Universidade de Rennes II (1995) e Escola de Minas de Saint-Etienne (1997), França. Foi professor da Universidade Federal do Rio de Janeiro (1974-1979). Professor do Instituto de Geociências da Universidade de São Paulo desde 1979. Foi presidente da Sociedade Brasileira de Geologia (2003-2005, e 2006-2007). Bolsista de Produtividade em Pesquisa do CNPq.

Joel Barbujiani Sigolo
Geólogo (1973) pela Universidade Federal Rural do Rio de Janeiro (UFRRJ). Mestrado (1979), doutorado (1988), livre-docente (1998) e professor titular (2005) pela Universidade de São Paulo. Foi professor da Universidade Federal do Rio de Janeiro (1974-1981). Professor do Instituto de Geociências da Universidade de São Paulo desde 1981. Programa de preparação de doutorado no Laboratório da ORSTOM em Bondy (1995) e pós-doutorado no Laboratório de Géociences de l´enviroment de l`Université de Aix Marseille III-CEREGE, Aix en Provence (1996-1998), França. Foi diretor financeiro da Sociedade Brasileira de Geologia (2003--2013). Bolsista de Produtividade em Pesquisa do CNPq.

Autores

André Virmond Lima Bittencourt
Engenheiro químico pela Universidade Federal do Paraná (1970). Mestrado (1972) e doutorado (1978) pela Universidade de São Paulo. Professor titular pela Universidade Federal do Paraná (2003). Pós-doutorado (1979-1980) pela Universidade Paul Sabatier, França. Foi professor visitante da Nacional de Assunção, Paraguai (2006-2007). Foi professor da Universidade Federal do Paraná (1974-2003), da Universidade Positivo (2005-2008) e do Centro Educacional Positivo (2008-2009). Trabalhou na Superintendência dos Recursos Hídricos e do Meio Ambiente de Curitiba – Surehma (1976-1982). Fez parte dos conselhos Administrativo do Instituto de Tecnologia do Paraná – Tecpar (1976-1982), Minerais do Paraná Ltda. – Mineropar (1982-1983), Nacional do Meio Ambiente – Cema (1997-1998), do Instituto de Tecnologia para o Desenvolvimento – Lactec (2002-2003) e gestor dos Mananciais da Região Metropolitana de Curitiba (desde 2002).

Fernando Mancini
Geólogo (1992) e mestrado (1995) pela Universidade de São Paulo. Foi professor adjunto da Universidade Presbiteriana Mackenzie (1994--1998) e colaborador da Universidade de São Paulo (1998). Trabalhou nas empresas Petróleo Brasileiro – Petrobras (1992) e Figueiredo Ferraz Consultoria e Engenharia de Projeto Ltda. (1992-1993). É professor da Universidade Federal do Paraná desde 1999. Desenvolve pesquisas em estratigrafia e evolução de bacias.

Ginaldo Campanha
Geólogo (1975), mestrado (1981), doutorado (1992), livre-docente (2003) e professor adjunto 3 pela Universidade de São Paulo. Professor do Instituto de Geociências da Universidade de São Paulo desde 1981. Pós-doutorado pelas Universidades de St. Andrews (2016), Escócia, e Imperial College of Science Technology and Medicine (1997), Inglaterra. Trabalhou no Instituto de Pesquisas Tecnológicas do Estado de São Paulo – IPT (1981-1996). Foi professor da Universidade Federal de Minas Gerais (1980-1981). É professor da Universidade de São Paulo desde 1996. Foi diretor secretário da Sociedade Brasileira de Geologia (2010--2012). Bolsista de Produtividade em Pesquisa do Conselho Nacional de Desenvolvimento Científico e Tecnológico – CNPq. Atua nas áreas de geologia estrutural, geologia estrutural aplicada, geotectônica, mapeamento geológico e geologia regional.

Herbet Conceição
Geólogo (1982) e mestrado (1977) pela Universidade Federal da Bahia. Doutorado (1990) pela Université Paris Sud – Centre d'Orsay, França. Professor titular pela Universidade Federal da Bahia (1999). Pós-doutorado (1996-1997) pela Université Blaise Pascal, França. Universidade de Paris-IV, França. Foi professor visitante da Escola de Minas de Paris (1990), com estágios de curta duração na Universidade de Rennes II (1995) e Escola de Minas de Saint-Etienne (1997), França. Foi professor da Universidade Federal da Bahia (1983-2009). Professor do Instituto de Geociências da Universidade Federal de Sergipe desde 2009. Foi membro e coordenador do Comitê Assessor de Geologia e Geografia Física (2005-2006 e 2003-2006) e do CA de Geociências (2009-20012), do Conselho Nacional de Desenvolvimento Científico e Tecnológico – CNPq. Foi pró-reitor de Pesquisa e Pós-Graduação da Universidade Federal da Bahia (2006-2009). Foi presidente da Sociedade Brasileira de Geologia (2009-2010 e 2010-2012). Bolsista de Produtividade em Pesquisa do CNPq.

Ian McReath
Químico pela Universidade de Oxford (1963), doutorado em Ciências da Terra pela Universidade de Leeds (1972) e livre-docente pela Universidade de São Paulo (2000). Foi professor visitante da Universidade Federal do Rio Grande do Norte (1972-1982), da Universidade Federal da Bahia (1982--1990) pelo Conselho Britânico. Professor do Instituto de Geociências da Universidade de São Paulo desde 1992. Aposentou-se em 2010.

José Barbosa de Madureira Filho
Geólogo (1964), mestrado (1972) e doutorado (1983) pela Universidade de São Paulo. Dedicou-se ao estudo da mineralogia, cristalografia e petrografia. Professor do Instituto de Geociências da Universidade de São Paulo desde 1968. Aposentou-se em 2010.

Leila Soares Marques
Bacharel em Física (1978), mestrado (1983) e doutorado (1988) em Geofísica (1983), livre-docente (2001) e professora titular pela Universidade de São Paulo (2007). Pós-doutorado (1988-1989) pela Universidade de Paris-IV, França. Pós-doutorado pelo Institut de Physique du Globe de Paris (1989-1990), França, e pelo Instituto di Mineralogia e Petrografia da Universitá di Trieste (1990), Itália. Professora Departamento de Geofísica do Instituto de Astronomia, Geofísica e Ciências Atmosféricas da Universidade de São Paulo desde 1984. Foi diretora do Instituto de Astronomia, Geofísica e Ciências Atmosféricas (2003-2007) da Universidade de São Paulo. Bolsista de Produtividade em Pesquisa do CNPq.

Maria da Glória Motta Garcia
Geóloga pela Universidade Federal Rural do Rio de Janeiro (UFRRJ) (1991). Mestrado (1996), doutorado (2001), livre-docente (2017) e pós-doutorado (2001-2002) pela Universidade de São Paulo e pós-doutorado (2017), pela Universidade do Minho, Portugal. Foi professora da Universidade Federal do Ceará (2002-2005). Professora do Instituto de Geociências da Universidade de São Paulo desde 2005. Coordenadora do Núcleo de Apoio à Pesquisa em Patrimônio Geológico e Geoturismo (GeoHereditas) do Instituto de Geociências da Universidade de São Paulo e vice-coordenadora da Associação Brasileira de Proteção ao Patrimônio Geológico e Mineiro (AGeoBR).

Sumário

1 MINERAIS
JOSÉ BARBOSA MADUREIRA FILHO E RÔMULO MACHADO

Principais conceitos .... 1.
Introdução .... 1.
O estudo da natureza dos minerais .... 1.
Classificação pelos usos dos minerais .... 1.
Identificando os minerais .... 2.
Minerais formadores de rochas .... 2.
Nomenclatura mineral .... 2.
Revisão de conceitos .... 2.
Glossário .... 2.
Referências bibliográficas .... 2.

2 ORIGEM, FORMAÇÃO E IMPORTÂNCIA DAS ROCHAS ÍGNEAS
HEBERT CONCEIÇÃO E IAN MCREATH

Principais conceitos .... 2.
Introdução .... 3.
Composição dos magmas e das rochas ígneas .... 3.
Por que há tanta diversidade de rochas ígneas? .... 3.
Rochas plutônicas .... 3.
Rochas ígneas no Brasil .... 4.
Revisão de conceitos .... 4.
Glossário .... 4.
Referências bibliográficas .... 4.

3 VULCÕES E VULCANISMO
HEBERT CONCEIÇÃO, IAN MCREATH E LEILA SOARES MARQUES

Principais conceitos .... 4.
Introdução .... 4.
Características de um magma .... 4.
Vulcões e vulcanismo no Brasil .... 5.
Ciclo das rochas .... 5.
Revisão de conceitos .... 5.
Glossário .... 5.
Referências bibliográficas .... 5.

4 INTEMPERISMO E FORMAÇÃO DOS SOLOS
JOEL B. SIGOLO E ANDRÉ VIRMOND LIMA BITTENCOURT

Principais conceitos .... 6.
Introdução .... 6.
As esferas geoquímicas e suas interações 62

Tipos de intemperismo 62
Reações químicas 67
Formação dos solos 68
O papel da água 73
Influência do tempo 75
Velocidade de intemperismo 75
Produtos do intemperismo 76
Impactos ambientais 77
Revisão de conceitos 78
Glossário 78
Referências bibliográficas 79

5 ORIGEM, FORMAÇÃO E IMPORTÂNCIA DAS ROCHAS SEDIMENTARES

MARIA DA GLÓRIA MOTTA GARCIA E FERNANDO MANCINI

Principais conceitos 80
Introdução 81
Origem dos sedimentos 81
Formação das rochas sedimentares 82
Características de uma partícula sedimentar 84
Classificação das rochas sedimentares 88
A importância das rochas sedimentares 90
Rochas sedimentares no Brasil 96
Revisão de conceitos 98
Glossário 98
Referências bibliográficas 100

6 ORIGEM, FORMAÇÃO E IMPORTÂNCIA DAS ROCHAS METAMÓRFICAS

MARIA DA GLÓRIA MOTTA GARCIA E RÔMULO MACHADO

Principais conceitos 101
Introdução 102
Causas do metamorfismo 102
Mudanças provocadas ao metamorfismo 105
Medindo a intensidade do metamorfismo 109
Tipos de metamorfismo 110
Outros tipos de metamorfismo 114
Importância e utilização das rochas metamórficas 115
Revisão de conceitos 116
Glossário 116
Referências bibliográficas 118

7 ESTRUTURAS GEOLÓGICAS: FORMAS E PROCESSOS

GINALDO ADEMAR DA CRUZ CAMPANHA E RÔMULO MACHADO

Principais conceitos 119
Introdução 120
Estruturas primárias e estruturas tectônicas 121
Física da deformação 123
Estruturas comuns na crosta e sua origem 125
Regimes tectônicos 135
Revisão de conceitos 140
Glossário 141
Referências bibliográficas 144

CAPÍTULO 1
Minerais
José Barbosa de Madureira Filho e
Rômulo Machado

Principais conceitos

▶ Minerais são compostos químicos naturais, geralmente inorgânicos, que possuem estrutura cristalina ordenada e composição química definida dentro de certos limites.

▶ De maneira análoga aos tijolos usados pelo homem na construção de casas de alvenaria, os minerais se agrupam naturalmente para a formação das rochas.

▶ Os minerais são classificados de acordo com suas composições químicas, determinadas principalmente pelos ânions presentes.

▶ Outro aspecto que permite a classificação dos minerais é o arranjo interno dos átomos e íons, que determina a simetria da estrutura e o formato externo dos cristais.

▶ Sua presença nas diferentes camadas internas da Terra depende de sua estabilidade sob as condições de pressão e temperatura vigentes em cada uma delas.

▶ A maneira como os elementos químicos se apresentam nos minerais da Terra é determinada pelas proporções relativas dos elementos presentes na Nebulosa Solar, da qual se originou o Sistema Solar.

▶ Os minerais mais abundantes nas camadas externas da Terra pertencem às classes dos silicatos e dos óxidos e representam os principais formadores de rochas.

▶ Por outro lado, alguns minerais de maior importância para a indústria atual vêm de outras classes menos abundantes, como sulfetos e fosfatos.

▲ Cristais agrupados de turmalina rosa (rubelita) e quartzo (incolor) oriundos de pegmatito da região de Governador Valadares (MG). Amostra da coleção do Museu de Mineralogia do Instituto de Geociências da USP.

Introdução

A composição inicial do Sistema Solar e a localização da Terra em relação ao Sol determinaram as abundâncias relativas dos elementos químicos presentes no planeta. Depois, os processos que resultaram na consolidação da Terra foram os responsáveis pela distribuição interna dos elementos e, portanto, dos compostos químicos presentes.

O planeta Terra é formado por uma sequência de camadas concêntricas, que se inicia no centro e atinge a superfície, cada uma delas sendo caracterizada por diferentes constituições químicas e propriedades físicas. A camada sólida mais externa é a crosta. Acima, tem-se a hidrosfera, que é formada por mares, rios e lagos (água); a biosfera, que é formada por seres vivos; e a atmosfera, que é composta por camadas de ar (gases). Nessas camadas é que são encontrados os três grandes reinos que compõem as ciências naturais: os reinos animal, vegetal e mineral. O primeiro é estudado pela zoologia; o segundo, pela botânica; e o terceiro, pela mineralogia. Percebe-se, também, na superfície terrestre, o ponto de encontro das esferas geológicas, no qual se origina o chamado "ciclo das rochas" (ver **Capítulos 2** a **7**).

Apenas nos dois primeiros reinos (animal e vegetal) encontram-se organismos vivos que, portanto, são chamados reinos orgânicos. Nesses reinos, os seres nascem, crescem, se reproduzem e morrem.

Os minerais são geralmente inorgânicos, embora alguns deles sejam formados por intervenções dos organismos, como o carbonato de cálcio, calcita, que forma conchas de moluscos e esqueletos externos de corais, e alguns deles sejam constituídos por ânions orgânicos.

A maioria dos minerais forma-se comumente na natureza por meio de reações químicas inorgânicas. Eles crescem e decrescem graças aos processos físico-químicos e, sob certas condições geológicas, como será visto nos capítulos que tratam do intemperismo das rochas (ver **Capítulo 4**), do transporte e sedimentação dos fragmentos produzidos (ver **Capítulo 5**) e da formação e origem das rochas metamórficas (ver **Capítulo 6**), podem transformar-se em outros minerais. Portanto, os minerais não são seres vivos e não possuem a capacidade de se reproduzir por si só. Suas composições são determinadas pelas condições físico-químicas atuantes durante sua formação. Além disso, sempre que são reproduzidas as mesmas condições físico-químicas durante o metamorfismo, as rochas com a mesma composição apresentarão os mesmos minerais.

> **Mineral** é uma substância simples ou composta, natural, homogênea, de origem inorgânica e cristalina (sólida). Exemplos de minerais comuns: quartzo, feldspato, mica; de minerais valiosos: rubi, esmeralda e diamante.

Definição de mineral

Sempre há exceções às regras gerais. Nesse caso, a exceção mais gritante é o mercúrio, que, quando ocorre na natureza como elemento nativo, é líquido sob as condições normais de temperatura e pressão. Apesar desse fato, muitos textos o incluem como mineral.

Composição química

A composição química é o critério mais usado para a classificação dos minerais. Os museus do mundo todo e as coleções particulares expõem seus acervos com base na composição química dos minerais. Os minerais, conforme esse critério, são agrupados segundo a natureza do seu ânion ou grupo aniônico. Assim, no mineral galena (PbS), o radical iônico é o S^{2-} e ele, portanto, será classificado como sulfeto e aparecerá nos museus nesse grupo, junto de outros sulfetos.

> Os minerais são organizados em classes químicas, que são subdivididas em famílias e essas, em grupos. Os grupos são formados por espécies. Uma espécie mineral tem sua identidade constituída por nome, fórmula química e propriedades físico-químicas específicas.

As vantagens desse tipo de classificação são:
- Minerais com mesmo tipo de ânion cristalizam-se em ambientes geológicos semelhantes.
- As propriedades físicas de minerais, com o mesmo tipo de ânion, são semelhantes.
- A nomenclatura usada no desenvolvimento dessa classificação é a mesma usada pela química inorgânica.

A classe dos silicatos é a mais importante dos minerais. Nela estão as principais espécies minerais formadoras de rochas ígneas, sedimentares e metamórficas. A estrutura básica dos silicatos é o tetraedro. Espacialmente, ele possui um átomo de Si^{4+} na sua parte central e quatro átomos de O^{2-}, distribuídos em cada vértice do tetraedro. O silício pode ser substituído apenas pelo Al^{4+}. Os tetraedros podem se ligar uns aos outros por meio de cátions ou compartilhar entre si o mesmo átomo de oxigênio. Esse compartilhamento pode envolver de um até quatro vértices do tetraedro. Isso resulta arranjos espaciais, como tetraedros isolados, agrupados, ligados em cadeias simples ou duplas, ou em camadas (**Figura 1.1**) e ligados em três dimensões, em que cada oxigênio é compartilhado por dois tetraedros vizinhos. Os minerais do grupo da granada e da olivina são exemplos de silicatos com tetraedros isolados (**Figura 1.1a**). Os minerais do grupo de piroxênio são exemplos de silicatos de cadeia simples (**Figura 1.1b**); os anfibólios são exemplos de minerais de cadeias duplas; as micas possuem um arranjo espacial em camadas (**Figura 1.1c**); o feldspato e o quartzo possuem arranjo tridimensional.

Durante o resfriamento do magma, os primeiros silicatos a se cristalizar são os de cadeias isoladas, depois os silicatos em anéis e os de cadeias simples e duplas e, por fim, os com arranjo tridimensional.

As principais classes químicas minerais são as seguintes:

▶ Elementos nativos: enxofre (S) e diamante (C);
▶ Sulfetos: pirita $(FeS_2)^{(1)}$ e galena $(PbS)^{(2)}$;
▶ Sulfossais: arsenopirita $(FeAsS)^{(3)}$;
▶ Óxidos: hematita $(Fe_2O_3)^{(4)}$ e rutilo $(TiO_2)^{(5)}$;
▶ Haloides: fluorita $(CaF_2)^{(6)}$ e halita (NaCl) (sal de cozinha);
▶ Carbonatos: calcita $(CaCO_3)^{(7)}$;
▶ Nitratos: salitre (KNO_3) e salitre do Chile $(NaNO_3)^{(8)}$;
▶ Borato: bórax $(Na_2B_4O_7 \cdot 10H_2O)^{(9)}$;
▶ Sulfato: anidrita $(CaSO_4)^{(10)}$ e barita $(BaSO_4)^{(11)}$;
▶ Fosfatos: apatita $(Ca_5(F,Cl,OH)(PO_4)_3)^{(12)}$;
▶ Tungstato: scheelita $(CaWO_4)^{(13)}$;
▶ Silicatos: grupo da granada (exemplo: almandina: $(Fe_3Al_2(SiO_4)_3)$, olivina $((Mg,Fe)_2SiO_4)$, enstatita $((Mg,Fe)SiO_3)$, tremolita $(Ca_2Mg_5(Si_8O_{22})(OH)_2)$, piroxênios, anfibólios, micas, feldspatos e quartzo (SiO_2).

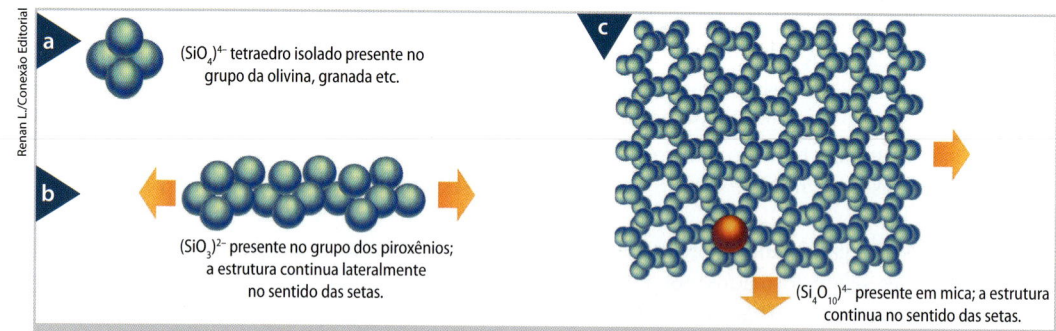

▲ **Figura 1.1** – Estruturas de algumas subclasses de silicatos e posição de um ânion em uma delas. (a) Tetraedro de SiO_2 isolado (nesossilicatos) com um átomo de silício (Si^{4+}) e quatro de oxigênio (O^{2-}) nos vértices; (b) tetraedros de SiO_2 com arranjo em cadeia simples (inossilicatos); (c) tetraedros de SiO_2 organizados em camadas (filossilicatos) e um ânion ocupando o espaço no centro de um hexágono.

(1) Conhecida também como "ouro de tolos" em razão de sua similaridade (cor e refletividade) com o ouro.
(2) Usada como fonte de chumbo.
(3) Geralmente acompanha o ouro.
(4) Fonte importante de ferro e especialmente abundante no Brasil.
(5) Fonte importante de titânio; elemento usado em ligas leves, especiais.
(6) Fonte de flúor; usada como fundente no minério de ferro.
(7) Mineral importante nas rochas calcárias; matéria-prima na indústria do cimento e também usada na agricultura como corretivo da acidez dos solos.
(8) Encontrado como incrustação sobre as rochas, em cavernas, e em solos formados em ambientes muito áridos; foi muito usado como fonte para a fabricação de ácido nítrico, na preparação da pólvora, e como fertilizante na agricultura. O salitre do Chile é encontrado no deserto do Atacama, localizado no norte do Chile.
(9) Produto da evaporação de águas alcalinas; é a fonte principal de ácido bórico.
(10) Produto da evaporação de água do mar; usada para a produção de ácido sulfúrico e na indústria do papel.
(11) Mineral branco e denso ("pesado"), componente importante de "lama" usada na perfuração de rochas, particularmente em sondagens de reservatórios de petróleo, e como pigmento em tintas e como contraste em exames por raios X.
(12) Fonte importante de fósforo; elemento utilizado na indústria de fertilizantes.
(13) Fonte importante de tungstênio.

O estudo da natureza dos minerais

Os minerais são estudados por uma disciplina chamada Mineralogia, que faz parte das ciências geológicas e, analogamente à Zoologia e à Botânica, adota sistemática e classificação próprias. Pode-se dizer que a Mineralogia é um ramo da Geologia que estuda a ocorrência, a composição, a estrutura, a forma, a estabilidade, a classificação, a nomenclatura e as associações dos minerais na natureza.

Os minerais são substâncias encontradas na Terra e também no resto do Universo. Os meteoritos são exemplos de corpos celestes formados em parte por minerais extraterrestres, ausentes do elenco de minerais presentes na Terra. Na crosta terrestre, os minerais fazem parte da constituição das rochas, das partículas do solo, das areias das praias, dos depósitos dos rios e dos desertos. Eles ocorrem por toda parte, nos canteiros das hortas e nos vasos das plantas. Por definição, mineral é uma substância química simples ou composta e cristalizada, que ocorre espontaneamente na natureza, formada geralmente por processos inorgânicos.

A análise mais cuidadosa de cada parte dessa definição mostra que uma substância simples é aquela formada por átomos da mesma espécie química. O diamante é um mineral formado apenas por átomos de carbono (C) que se enquadra nessa situação. Nesse caso, tem-se o fenômeno do **polimorfismo**. O diamante é a forma de carbono que geralmente se origina sob altas pressões no interior da Terra. A grafita, com outra estrutura cristalina (ver adiante), é produto de reações que ocorrem sob baixas pressões. Igualmente, o feldspato potássico $KAlSi_3O_8$, um mineral muito comum em rochas da crosta dos continentes, apresenta duas estruturas cristalinas diferentes: triclínica (microclínio) e monoclínica (ortoclásio).

As substâncias compostas são aquelas formadas por átomos de duas ou mais diferentes espécies químicas. O quartzo (SiO_2) é um exemplo de mineral composto. Aliás, os minerais compostos são muito mais abundantes do que os simples (os elementos nativos: ver adiante). Quando a definição trata de substância cristalizada, refere-se ao fato de que todos os minerais têm os seus átomos distribuídos na estrutura cristalina em distâncias regulares e fixas e, por isso, têm o aspecto característico das substâncias sólidas propriamente ditas, ou seja, substâncias com estrutura cristalina (**Figura 1.2**).

As substâncias que não apresentam essa distribuição atômica interna organizada são consideradas amorfas ou vítreas. A água, a opala e o vidro, por exemplo, não podem ser chamados de minerais, pois não possuem estrutura cristalina e, portanto, são considerados substâncias amorfas.

Ao contrário dos minerais que ocorrem espontaneamente na natureza, materiais como rubi e diamante sintéticos são feitos pelo homem e, portanto, não podem ser considerados minerais, mesmo que sejam usados nomes de compostos naturais para identificá-los e são, então, designados de mineraloides.

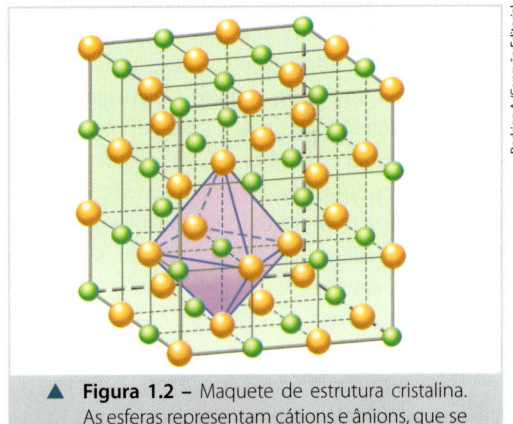

▲ **Figura 1.2** – Maquete de estrutura cristalina. As esferas representam cátions e ânions, que se distribuem regularmente no espaço, e as varetas (linhas contínuas e tracejadas) representam as ligações químicas. Fonte: modificado de Andrade et al. (2009).

A expressão "reações químicas inorgânicas" significa que, na formação de um mineral, não há participação de nenhum organismo vivo. A pérola, por exemplo, precisa da ostra, que é um animal aquático, para poder se formar, razão pela qual não pode ser considerada como mineral. O mesmo acontece com o carvão, que, para se formar, precisa do caule das árvores. Além disso, o mineral apresenta continuidade física e homogeneidade química, ou seja, todos os indivíduos de uma mesma espécie mineral são sempre iguais. Como consequência, em um mesmo indivíduo todas as suas partes também são iguais. É graças a essa igualdade entre os indivíduos de uma mesma espécie mineral que é possível usar suas propriedades físicas e químicas para identificá-los.

> **Mineraloide** é uma substância que, por um motivo ou outro, não atende à definição de mineral. Todas substâncias vítreas ou amorfas, como vidro vulcânico ou industrial, carvão natural e betume, não possuem estrutura cristalina e, como consequência, não podem ser consideradas como minerais, mas sim mineraloides. Da mesma forma, todas as substâncias sintéticas constituem materiais industriais, pois não são de origem natural, como o rubi sintético, que deve ser considerado também um mineraloide; o rubi natural, no entanto, é considerado um mineral.

Sob condições de baixa pressão e alta temperatura, como as que ocorrem nas atividades vulcânicas associadas aos gêiseres (**Figura 1.3**), quando os gases emanados dos vulcões se transformam, na atmosfera, diretamente em substâncias cristalinas. Esse processo também está ligado ao ambiente magmático e por meio dele se formam as jazidas do mineral enxofre, que ocorrem ao redor de vulcões. Formam-se também fumarolas no fundo do mar, nas cadeias mesoceânicas, que são responsáveis pela deposição de sulfetos de cobre e óxidos de ferro, entre outros.

Como visto, existem algumas substâncias que fazem parte naturalmente da crosta terrestre, mas não podem ser confundidas com minerais, porque na realidade não satisfazem a definição de mineral. Entre essas substâncias pode-se citar o petróleo, que não é homogêneo nem cristalizado e é formado por restos de animais (microrganismos) marinhos, sendo, portanto, de origem orgânica. O carvão, a pérola e o âmbar são de origem orgânica e não são cristalizados. A opala (variedade de sílica), a goethita (oxi-hidróxido de ferro) e a obsidiana (vidro vulcânico, geralmente rico em sílica) são substâncias amorfas.

Origem

Para que um mineral se forme, é necessário que no ambiente natural haja condições físico-químicas favoráveis para que a matéria amorfa se cristalize. As condições físico-químicas naturais de cristalização são os seguintes:

Passagem da matéria do estado físico amorfo ao estado cristalino, por resfriamento a altas temperaturas. Sob condições de alta pressão e temperatura, como as que ocorrem durante o resfriamento do magma, as substâncias fundidas (amorfas) do magma, por resfriamento, cristalizam-se e formam os minerais em ambiente magmático. Esse processo é o responsável pela formação de rochas magmáticas, também chamadas de ígneas ("fogo"), em alusão às altas temperaturas do magma. Outros processos que ocorrem em condições de temperatura e pressão pouco mais baixas, mais ainda de alta temperatura e pressão, são responsáveis pela formação de vários tipos de jazidas minerais, como de gemas preciosas, ouro, cobre, chumbo e zinco.

▲ **Figura 1.3** – Gêiseres mostrando jatos intermitentes de água quente e vapor que emergem à superfície por meio de fendas das rochas após ser aquecida em profundidade pelo calor oriundo do magma. Região vulcânica de El Tatio, Deserto do Atacama, norte do Chile.

Passagem da matéria do estado físico amorfo ao estado cristalino, sob condições de baixa temperatura. Sob condições de baixa pressão e temperatura, como as que ocorrem nos ambientes aquáticos (rios, lagos e oceanos), quando os compostos salinos ali dissolvidos (cátions e ânions) vão se concentrando até atingir o ponto de supersaturação e começam, então, a se cristalizar. Esse processo ocorre no ambiente sedimentar da superfície da Terra, que é responsável pela formação das rochas sedimentares de natureza química (por exemplo, sal-gema e carbonatos) e uma série de depósitos salinos, genericamente chamados evaporitos.

Passagem da matéria do estado físico cristalino a outro estado cristalino. Sob novas condições de pressão e temperatura, como as que ocorrem normalmente nos ambientes geológicos, quando a matéria já cristalizada de um mineral pode transformar-se em outra que tenha mais estabilidade, de forma a ajustar-se às novas condições físico-químicas. Esse é um processo de transformação, que é comum no ambiente geológico metamórfico. Nele, dependendo da composição inicial do(s) componente(s), poderá ocorrer a formação de outros minerais estáveis às novas condições, como durante a transformação de minerais de argila (caolinita, esmectita) em minerais do grupo das micas (muscovita, sericita, clorita, biotita), ou poderá ocorrer apenas a mudança da estrutura do mineral, a exemplo do que ocorre na passagem da grafita para o diamante.

Simetria

Quando a cristalização de um mineral se processa em condições ideais, isto é, na presença de quantidade suficiente de substância química, a velocidade de crescimento é lenta e se dá igualmente em todas as direções da estrutura cristalina, com espaço físico suficiente para o crescimento do mineral, o que resulta no desenvolvimento de um cristal limitado por superfícies planas e naturais chamadas faces (Figura 1.4). A consequência desse crescimento perfeito resulta no cristal natural. A palavra cristal também é usada para substâncias que são cristalizadas em laboratório. Apesar de não poderem ser consideradas minerais, elas continuam sendo cristais artificiais. Portanto, a definição de cristal envolve todas as substâncias naturais e artificiais, orgânicas e inorgânicas.

São raros os cristais naturais perfeitos (Figura 1.5), por isso eles são disputados por colecionadores e museus. O mais comum é encontrar minerais sem uma forma geométrica externa. Esses minerais possuem estrutura atômica interna regular, ou edifício cristalino, porém ela não se traduz externamente pelo desenvolvimento de faces naturais. Fala-se, nesse caso, que o mineral é apenas uma substância cristalina, mas não é considerado um cristal.

Cristal é quando o mineral apresenta formas geométricas regulares, limitado por faces cristalinas paralelas bem desenvolvidas, sendo o aspecto externo reflexo de uma estrutura atômica interna. Qualquer substância lapidada artificialmente em uma forma geométrica definida recebe, também, o nome de cristal.

▲ **Figura 1.4** – Cristais cúbicos perfeitos de pirita (80 mm × 40 mm), mostrando suas faces planas bem desenvolvidas. Amostra da coleção do Museu de Mineralogia do Instituto de Geociências da USP.

▲ **Figura 1.5** – Cristais de quartzo (100 mm × 80 mm) com suas faces cristalinas bem desenvolvidas. Amostra da coleção do Museu de Mineralogia do Instituto de Geociências da USP.

Chama-se cristalografia a ciência que se dedica ao estudo da origem, do desenvolvimento, da simetria e da classificação das substâncias cristalinas.

Dependendo dos tamanhos relativos das partículas atômicas que participam da constituição química dos minerais, poderão formar diferentes tipos de arranjos na construção de seus edifícios cristalinos. Existem sete tipos básicos de edifícios cristalinos diferentes (**Figura 1.7**), que são conhecidos como os sete sistemas de cristalização. Esses sistemas cristalinos são estudados com ajuda de visualização de sua cela unitária.

> **Cela unitária** é o menor volume do edifício cristalino que mantém as propriedades geométricas e físico-químicas do cristal (**Figura 1.6**).

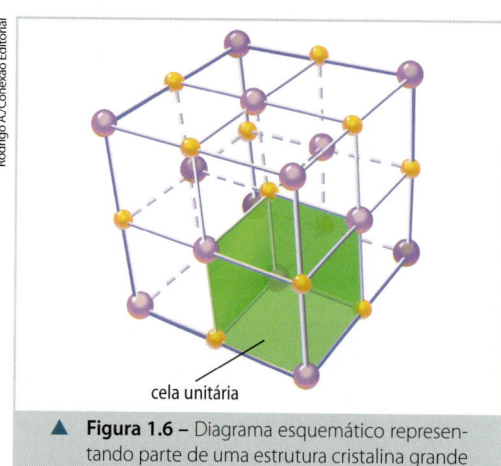

▲ **Figura 1.6** – Diagrama esquemático representando parte de uma estrutura cristalina grande e a cela unitária.

Os sete sistemas de cristalização são:
- Cúbico (ou isométrico). Exemplos: pirita (sulfeto de ferro), granada (silicato de alumínio complexo) e diamante (carbono elementar).
- Tetragonal. Exemplos: rutilo (óxido de titânio) e zircão (silicato de zircônio).
- Trigonal. Exemplos: turmalina (silicato complexo com flúor e boro), corindon (óxido de alumínio) e quartzo (óxido de silício).
- Hexagonal. Exemplos: berilo (silicato de berílio) e apatita (fosfato de cálcio).
- Ortorrômbico. Exemplos, cerussita (carbonato de chumbo) e goethita (óxido de ferro hidratado).
- Monoclínico. Exemplos: antigorita (silicato hidratado de magnésio, componente principal da serpentina ou pedra-sabão), arsenopirita (sulfeto de ferro e arsênio) e azurita (carbonato hidratado de cobre).
- Triclínico. Exemplos: albita e anortita (aluminossilicatos de sódio e cálcio, respectivamente).

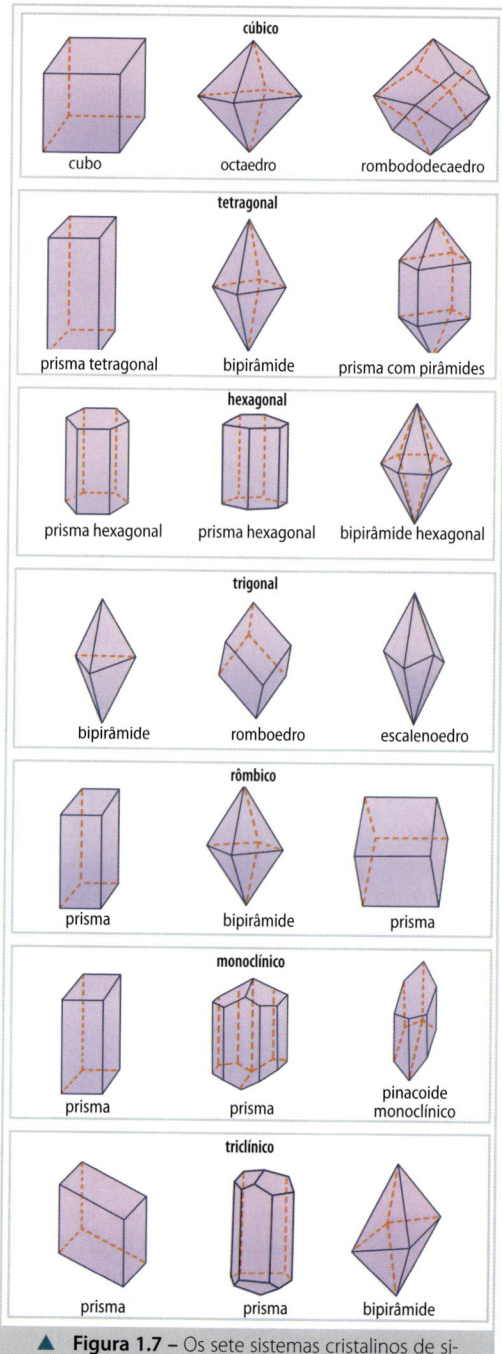

▲ **Figura 1.7** – Os sete sistemas cristalinos de simetria.

Classificação pelos usos dos minerais

Este critério de classificação leva em consideração o tipo de aplicação que se pode dar ao mineral. De acordo com a composição química e as propriedades físicas, os minerais podem ser usados para diferentes finalidades. Existem, por exemplo, minerais dos quais, em condições econômicas vantajosas, pode-se extrair um ou mais minerais metálicos ou não. Esses minerais são chamados minério. A hematita, como foi visto, é um óxido de ferro do qual se pode extrair o ferro; portanto, além de ser um mineral, a hematita é um minério de ferro.

O diamante é a mais dura entre as substâncias conhecidas pelo homem e, por isso, é usado pelas indústrias de corte e de abrasivos, além de ser um mineral gemológico (**Quadro 1.1**), graças a sua beleza quando lapidado.

Quadro 1.1 – Minerais gemológicos

A gemologia é um ramo muito antigo do conhecimento humano, que se dedica ao estudo de substâncias que possuem beleza. Essa beleza é usada na fabricação de peças ornamentais e joias e pode ser traduzida por uma cor agradável, por um forte brilho, ou ainda, por uma boa transparência. Colares, anéis e braceletes já eram usados há 4 mil anos no Antigo Egito. Entre as substâncias que se caracterizam por essas propriedades destacam-se os minerais. Portanto, o universo dos materiais gemológicos é composto, na sua maior parte, por minerais chamados gemológicos, como o diamante, a esmeralda, o rubi, a safira, entre outros. Além dos minerais gemológicos, a gemologia também trabalha com materiais orgânicos (pérola, âmbar, corais) e materiais produzidos pela indústria, conhecidos como materiais sintéticos (diamante sintético, esmeralda sintética, rubi sintético etc). Por haver um grande número de minerais dentro do conjunto de materiais gemológicos, a gemologia é reconhecida hoje como uma disciplina que faz parte da moderna mineralogia aplicada.

Para que um mineral seja considerado como gemológico, é necessário que tenha as seguintes qualidades: beleza, durabilidade e raridade. A beleza, como foi visto, é traduzida pela cor, transparência e brilho; a dureza é, em geral, no mínimo 7,0 na Escala de Mohs e pela tenacidade; e a raridade é consequência da dificuldade com que esses minerais são encontrados na natureza. Isso os torna mais valiosos.

Províncias gemológicas são raras e poucas regiões da Terra possuem grande quantidade e variedade desses minerais. São nove as províncias gemológicas no mundo: Brasil, Rússia, Estados Unidos, Índia, Mianmar (antiga Birmânia), Sri Lanka (antigo Ceilão), Ilha de Madagascar, Península da Indochina (Vietnã, Camboja, Laos e Tailândia) e Austrália. Estima-se que o Brasil contribua com 60% da produção mundial de gemas.

Uma das mais famosas joias brasileiras é a coroa imperial de Dom Pedro II (**Figura 1.8**), que está exposta no Museu Imperial de Petrópolis (RJ). Foi confeccionada em 8 de julho de 1841, pelo joalheiro da família imperial Carlos Marin (Carlos Marin & Cia., Rua do Ouvidor, 139, Rio de Janeiro), para a sagração de Dom Pedro II como imperador do Brasil. Nessa ocasião, Dom Pedro II foi declarado como maior de idade, apesar de ter apenas 15 anos. A coroa é um finíssimo trabalho em cinzel de ouro verde e amarelo, com 639 diamantes, tendo os da frente 18 quilates, os do topo 16 quilates e os dos festões 5 quilates cada um. A coroa também é ornamentada com 77 pérolas de ótima qualidade. Além do valor material, a coroa de Dom Pedro II possui valor histórico inestimável como símbolo da única realeza que vigorou nas Américas e também como símbolo de um regime político que preservou a unidade territorial do Brasil.

▲ **Figura 1.8** – A coroa imperial de Dom Pedro II.

Assim, com relação aos usos, é possível dividir os minerais em:
- minerais de minério;
- minerais industriais (cerâmicas, vidros, refratários, papel, borracha, corte, abrasivos, adubos e corretivos agrícolas, indústria energética, indústria química etc);
- minerais gemológicos (antigamente conhecidos como pedras preciosas e semipreciosas);
- minerais formadores de rochas e solos.

Identificando os minerais

Os minerais podem ser identificados com base em suas propriedades morfológicas (hábito cristalino), físicas e químicas. Existem testes simples que são, muitas vezes, suficientes para a identificação rápida da espécie mineralógica, isto porque existe uma íntima relação entre as propriedades físicas, as composições químicas e as estruturas dos minerais.

As principais propriedades usadas na identificação dos minerais são:

Hábito cristalino: forma externa normalmente apresentada por um indivíduo ou agregado de minerais. Os hábitos cristalinos mais comuns são: cúbico, octaédrico, colunar, prismático, fibrorradial, laminar (ou placoide) (**Figura 1.10**). Alguns minerais possuem hábitos tão característicos que são praticamente inconfundíveis. Um exemplo é a galena (PbS); outro exemplo é a fluorita (CaF_2), que é formada por cristais cúbicos com faces do mesmo tamanho (**Figura 1.9**). Outros minerais são folheados como as micas (muscovita, biotita e clorita). Há também minerais fibrosos como alguns anfibólios (crocidolita, gedrita, antofilita) e minerais placoides (hematita) (**Figura 1.10**).

Os agregados cristalinos também apresentam hábitos descritos com termos específicos: dendrítico, botrioidal, mamelonar, estalactítico, estalagmítico, drusa e geodo.

▲ **Figura 1.9** – Em sentido horário, do canto superior esquerdo, hábitos (a) cúbico (80 mm × 70 mm), (b) octaédrico (40 mm × 25 mm), (c) prismático (ou colunar) (80 mm × 60 mm) e (d) maciço (120 mm × 120 mm). Amostras da coleção do Museu de Mineralogia do Instituto de Geociências da USP.

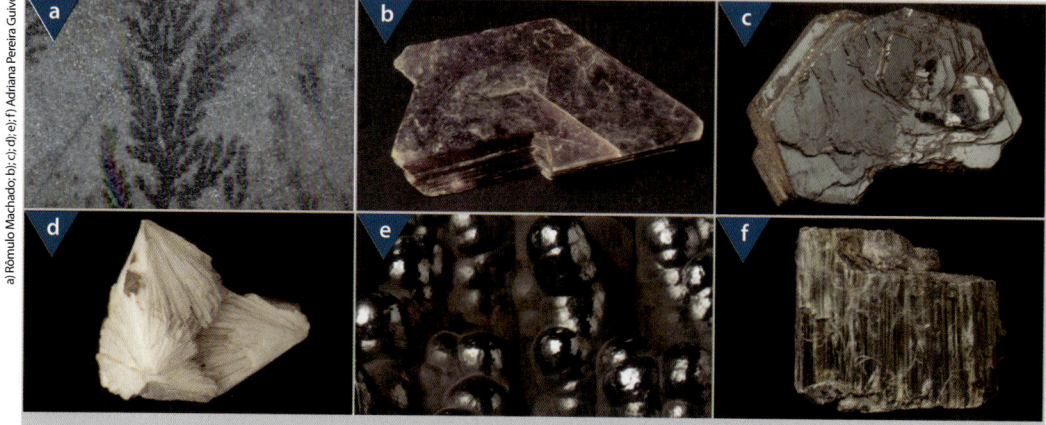

▲ **Figura 1.10** – Em sentido horário, a partir do canto superior esquerdo, hábitos (a) dendrítico (70 mm × 100 mm), (b) micáceo (45 mm × 55 mm), (c) laminar ou placoide (60 mm × 85 mm), (d) fibrorradial (35 mm × 40 mm), (e) botrioidal (80 mm × 60 mm) e (f) fibroso (80 mm × 110 mm). Amostras da coleção do Museu de Mineralogia do Instituto de Geociências da USP.

Brilho: representa a intensidade de luz refletida pela superfície do mineral. É uma propriedade física controlada pela natureza dos átomos e pelos tipos de ligações entre eles. Quando o mineral reflete mais de 75% da luz incidente, tem-se o brilho metálico (como metal polido) (**Figura 1.11a**) e, quando reflete menos de 75%, tem-se o brilho não metálico (**Figura 1.11b**). O brilho metálico é comum em elementos nativos (ouro, prata e cobre), em sulfetos (galena, pirita, calcopirita e arsenopirita) e em alguns óxidos (magnetita, ilmenita e hematita do tipo especularita). Por outro lado, o brilho não metálico é comum em silicatos (micas, piroxênios, anfibólios, feldspatos e quartzos), carbonatos (calcita, dolomita e cerussita), sulfatos (gipsita e barita), boratos, fosfatos (apatita e monazita), nitratos (salitre) e haletos (fluorita, halita e silvita).

Cor: a cor de um mineral resulta da combinação dos comprimentos de onda da luz incidente refletida ou transmitida pela sua superfície. Assim, o espectro da luz "branca", que incide sobre a superfície de um mineral, é uma parte absorvida e outra parte refletida. A soma dos comprimentos de onda da luz refletida representa a cor do mineral. A luz "branca" é composta por sete comprimentos de onda (vermelho, laranja, amarelo, verde, azul, índigo e violeta). Portanto, se o mineral absorver as energias das quatro cores do espectro (vermelho, laranja, amarelo e verde) e refletir as outras, sua cor será azul, índigo ou violeta. Se acontecer o inverso, o mineral será vermelho ou vermelho-amarelado.

A cor do mineral pode ser atribuída a vários fatores, porém o mais importante deve ser a presença de certas impurezas na composição dos minerais. Alguns elementos químicos, como o Fe, Cr e Li, mesmo em pequenas quantidades, são responsáveis pela cor dos minerais. Por exemplo, o coríndon (Al_2O_3) é um mineral frequentemente branco ou varia de cinza a branco azulado, passando à cor vermelha na presença de pequenas quantidades de Cr, que substitui o Al na estrutura do mineral, e representando uma variedade gemológica conhecida como rubi, que é muito cobiçada comercialmente pelos joalheiros e colecionadores. Por outro lado, se houver substituição do Al por pequenas quantidades de Fe e Ti, o coríndon adquire uma cor profundamente azulada e constitui outra variedade gemológica denominada safira.

Os minerais que, na natureza, sempre exibem a mesma cor, são chamados idiocromáticos (**Figura**

▲ **Figura 1.11** – Minerais com brilho metálico (a) (60 mm × 40 mm) e não metálico (b) (45 mm × 30 mm).

1.12a), como o enxofre, que é sempre amarelo; entretanto, a maioria caracteriza-se por cores variáveis e é chamada alocromática, como o topázio (**Figura 1.12b**); o quartzo, que pode ser incolor (hialino), roxo (ametista), amarelo (citrino) e cinza escuro (enfumaçado); e a fluorita, que pode aparecer com toda essa gama de cores mais o verde. Em todos os casos, porém, esses minerais não mudam de nome e sempre são denominados topázio, quartzo e fluorita, respectivamente. Assim, hialina, ametista e citrina são variedades do quartzo.

Cor do traço: o traço de um mineral corresponde à cor do seu pó, que é produzido por fricção em uma superfície abrasiva mais dura que o mineral, comumente a placa de porcelana fosca (não vitrificada). É uma propriedade muito útil na identificação de alguns minerais com traços coloridos (vermelho, marrom e amarelo), como alguns

▲ **Figura 1.12** – Enxofre (a) (30 mm × 30 mm) e topázio (b) (40 mm × 20 mm). Amostras da coleção do Museu de Mineralogia do Instituto de Geociências da USP.

Há minerais com mais de uma direção de dureza, como a cianita (Al_2SiO_5), que apresenta dureza 5 na direção paralela ao comprimento do mineral e dureza 7 na direção da largura, ou seja, ortogonal a ele.

Muitas vezes substitui-se essa escala por outra menos completa, porém de mais fácil utilização: unha (2,5), alfinete (3,0), prego comum (4,0), lâmina de aço (5,0), placa de vidro (5,0), porcelana (superfície fosca de um azulejo) (6,0). O princípio usado no teste de dureza é que as substâncias mais duras sempre riscam as mais moles, e vice-versa, enquanto substâncias com durezas iguais não se riscam.

sulfetos e óxidos. Porém, alguns minerais apresentam cores variáveis do traço, como a hematita (Fe_2O_3), que pode ser vermelha, marrom ou preta. Os minerais com dureza superior ou próxima de 7,0 não produzem cores de traços.

Os minerais que possuem cor do traço igual à cor macroscópica são denominados idiocromáticos, mas os que possuem cor do traço diferente da cor macroscópica são denominados alocromáticos.

Dureza: é a resistência que a superfície do mineral oferece ao ser riscado. Em mineralogia, a dureza é determinada com auxílio da escala de dureza relativa, denominada Escala de Mohs, criada em 1812. Friedrich Mohs (1773-1839) foi o mineralogista alemão que observou, pela primeira vez, que os minerais têm durezas diferentes e, assim, organizou uma escala com 10 minerais em ordem crescente de dureza, para que eles servissem de comparação na determinação da dureza de outros minerais. A Escala de Mohs é apresentada na **Figura 1.13**.

Ressalte-se que a Escala de Mohs é uma escala relativa, pois as durezas são definidas por um mineral em relação ao outro e não apresentam variações da mesma ordem de grandeza entre si. Assim, o diamante, de dureza 10, é cerca de 140 vezes mais duro do que o mineral imediatamente abaixo na escala, que é o coríndon, de dureza 9.

▲ **Figura 1.13** – A Escala de Mohs apresenta a dureza de 10 minerais, sendo o talco o mais mole e o diamante o mais duro: (a) talco (55 mm × 55 mm), (b) gipsita (40 mm × 90 mm), (c) calcita (60 mm × 50 mm), (d) fluorita (80 mm × 120 mm), (e) apatita (15 mm × 40 mm), (f) quartzo (40 mm × 30 mm), (g) ortoclásio (40 mm × 20 mm), (h) topázio (5 mm × 5 mm), (i) coríndon (80 mm × 60 mm), (j) diamante (5 mm × 5 mm). Amostras da coleção do Museu de Mineralogia do Instituto de Geociências da USP.

Clivagem: é uma propriedade física particular de quebra, que ocorre somente nas substâncias cristalizadas. Os minerais que têm clivagem se rompem, definindo superfícies de separação planas e paralelas. A clivagem é, portanto, uma direção de quebra determinada pela própria estrutura atômica interna da substância cristalizada. Ela resulta das diferenças entre as forças de ligação atômica nas várias direções do edifício cristalino. As clivagens ocorrem sempre nas direções de ligação mais fraca, e os minerais podem ter uma ou mais direções de clivagem. A mica e o topázio possuem uma direção de clivagem, os piroxênios, os anfibólios e os feldspatos possuem duas direções, enquanto a galena e a calcita (**Figura 1.14**) possuem três direções de clivagem.

▲ **Figura 1.14** – Clivagem perfeita em três direções, observada em cristais de calcita (40 mm × 80 mm e 20 mm × 30 mm). Amostras da coleção do Museu de Mineralogia do Instituto de Geociências da USP.

A qualidade de uma clivagem depende da facilidade com que ela é obtida. As clivagens podem ser excelentes, como nas micas, que podem ser obtidas com auxílio da unha; perfeitas, quando é necessário aplicar uma certa força, como acontece com a calcita; e imperfeitas, quando a força a ser aplicada é ainda maior, como na apatita. Quanto melhor for a qualidade da clivagem, mais fácil será sua obtenção e mais plana será a superfície de quebra resultante.

Os minerais sem clivagem são aqueles que apresentam a mesma força de ligação atômica em todas as direções do seu edifício cristalino. Portanto, não há um plano de fraqueza particular do mineral. Sua quebra se dá em qualquer direção e a superfície de separação resultante não será plana e, neste caso, fala-se em fratura. A fratura pode desenvolver-se em qualquer direção da estrutura cristalina e cortar os planos de clivagem que, ao contrário desta, não se repete na mesma direção, ou seja, em planos sempre paralelos, mas sim de forma irregular e oblíqua às direções dos planos cristalinos. As fraturas podem ser irregulares, fibrosas ou conchoidais. A fratura conchoidal é característica do quartzo (**Figura 1.15**); a fibrosa é comum em minerais do grupo dos anfibólios (crocidolita, antofilita, gedrita) e em serpentina (grupo da mica), comercialmente conhecida como asbesto ou amianto.

▲ **Figura 1.15** – Fratura conchoidal em quartzo. (90 mm × 115 mm). Amostra da coleção do Museu de Mineralogia do Instituto de Geociências da USP.

Geminados: são associações entre dois ou mais indivíduos da mesma espécie de mineral, como feldspato e feldspato, anfibólio e anfibólio etc. Os geminados podem ser simples ou múltiplos. Os primeiros envolvem a união de dois indivíduos, enquanto os últimos envolvem a união de um número maior de indivíduos. Entre os indivíduos associados por geminação há uma relação evidente de simetria, que é uma propriedade de repetição de um dado motivo, ou seja, é uma imagem especular do mesmo objeto (**Figura 1.16**). Os motivos podem ser vários: um átomo, um íon, uma molécula, uma face do cristal. Os edifícios cristalinos são repetições de motivos; portanto, a simetria deve ser esperada nos minerais. Os elementos de simetria que controlam os cristais geminados são chamados eixo, plano e centro de simetria. A geminação é uma propriedade que auxilia a identificação de muitos minerais, especialmente na distinção entre feldspatos alcalinos e alcalinos terrosos (plagioclásios). A geminação mais comum entre os feldspatos alcalinos (ortoclásio) é a geminação segundo a lei de Carlsbad (**Figura 1.16a**). Já entre os feldspatos alcalinos terrosos, a geminação mais comum é segundo a Lei da Albita, também conhecida como polissintética (**Figura 1.16b**). Como será visto mais adiante (**Capítulo 2**), os tipos de feldspato (alcalino ou alcalino terroso) presentes na rocha e suas proporções relativas são fundamentais para determinar o nome desta.

▲ **Figura 1.16** – (a) Geminação simples segundo a Lei de Carlsbad (parte central da imagem) em feldspato alcalino (ortoclásio) proveniente de granito porfirítico mesoproteozoico da região de Tete, Moçambique. (b) Geminação polissintética segundo a Lei da Albita (parte central) em feldspato álcali-cálcico (plagioclásio) observado em lâmina delgada em microscópio petrográfico de granulito básico da região de Itaperuna (RJ). Campo da fotomicrografia: 12 mm × 15 mm.

Magnetismo: os minerais, com exceção dos metais nativos (ouro, prata e cobre), são maus condutores de eletricidade. Entre os minerais mais comuns, apenas a magnetita (Fe_3O_4) e a pirrotita ($Fe_{1-x}S$) são atraídos pelo imã de mão. Há minerais semicondutores como os sulfetos, em que as ligações entre os átomos são parcialmente de natureza metálica. Há também os minerais não condutores, como os silicatos, em que predominam ligações covalentes e iônicas.

Densidade relativa ou peso específico: é a propriedade física que relaciona a massa (M) com o volume (V) do mineral, sendo representada pela equação:

$$D = M/V$$

Ela corresponde à massa por unidade de volume e era comumente expressa como gramas por centímetro cúbico (g/cm^3), embora hoje o Sistema Internacional de Unidades (SI) recomende que se expresse quilogramas por metro cúbico (kg/m^3). Enquanto isso, o peso específico indica quantas vezes um determinado volume de mineral é mais pesado que o mesmo volume de água, sob temperatura de 4 °C. Por exemplo, o valor de peso específico = 7,5 g/cm^3 da galena (PbS) significa que esse mineral pesa sete vezes e meia mais que o mesmo volume de água a 4 °C.

O método mais usado na determinação do peso específico é o da balança de dois pratos (balança hidrostática). Primeiro, pesa-se o mineral fora da água (P_{ar}) e, depois, imerso na água ($P_{água}$). Esse método baseia-se no princípio de Arquimedes e, por isso, a diferença entre P_{ar} e $P_{água}$ é igual ao volume do mineral, já que a densidade de água destilada à temperatura de 4 °C é 0,998, praticamente 1, e a equação do peso específico (PE) é expressa por:

$$PE = P_{ar} / (P_{ar} - P_{água})$$

Aproximadamente uma centena de minerais são comuns ou muito comuns e centenas de outros minerais são raros ou muito raros. Como usar as propriedades acima para identificar um mineral desconhecido? Se o mineral em questão não for conhecido devido a uma experiência anterior, são muitas as opções. Muitas vezes a identificação é dificultada pelo fato de o mineral desconhecido estar acompanhado por outros minerais e apenas algumas de suas propriedades podem ser determinadas com exatidão.

Há guias para a determinação de minerais que utilizam o brilho como ponto de partida. Separados em dois grupos de minerais com brilhos metálico e não metálico, respectivamente, utilizam-se propriedades como traço, cor e dureza para formar agrupamentos menores de minerais. Dentro desses grupos, usam-se propriedades como cor e clivagem ou fratura para chegar mais perto à identificação da espécie. Não é raro se chegar à conclusão de que o mineral desconhecido pode ser um entre vários com propriedades similares. Nesse caso, é necessário usar outros métodos mais sofisticados para chegar à identificação exata.

Minerais formadores de rochas

As rochas são definidas como agregados sólidos de minerais, que são formados naturalmente. Os minerais formadores de rochas mais comuns são geralmente divididos de acordo com sua origem: ígnea, sedimentar e metamórfica. Para cada um desses grupos genéticos de rochas será apresentada uma tabela de identificação, que auxiliará no reconhecimento dos minerais constituintes da rocha (**Tabela 1.1**). É importante lembrar que, antes de usar essas tabelas, é recomendável revisar os conceitos sobre os três tipos de rocha (ígnea, sedimentar e metamórfica), conforme os critérios sugeridos nos capítulos pertinentes. Para isso, leiam-se os capítulos que tratam especificamente de cada um desses tipos de rochas.

Tabela 1.1 – Resumo das características físicas dos principais minerais formadores das rochas

Grupo	Mineral	Brilho e cor	Forma e dureza	Clivagem e fratura	Comum nas rochas	Observações
Da sílica	Quartzo	Vítreo Incolor, cinza, amarelo, lilás, enfumaçado	Irregular 7,0	Ausente Conchoidal, irregular	Ígnea, sedimentar clástica e metamórfica	Sempre brilhante e inalterado; lembra um pedaço de vidro na rocha
Do feldspato	Potássico (ortoclásio e microclínio)	Perláceo ou porcelânico Incolor, cinza, branca, verde, avermelhada	Ripiforme ou tabular 6,0	Em duas direções a 90° Irregular	Ígnea e metamórfica	Geminação Carlsbad (divisão em duas metades) Alteração para caulinita branca
	Álcali-cálcico (plagioclásio)	Perláceo ou porcelânico Incolor, cinza, branca, avermelhada	Ripiforme ou tabular 6,0	Em duas direções a 90° Irregular	Ígnea e metamórfica	Geminação da Lei da Albita (muitas estrias paralelas) Alteração para caulinita branca
Da mica	Muscovita	Micáceo Incolor a esverdeada	Placoide 2,5	Em uma direção (excelente) Irregular	Ígnea, sedimentar clástica e metamórfica	Fácil esfoliação

Nomenclatura mineral

A maioria dos nomes de minerais tem, em português, a terminação "ita", como apatita, fluorita e calcita. No caso das rochas, essa terminação é "ito", por exemplo, granito, quartzito e peridotito. Alguns nomes de minerais e de rochas, por serem muito antigos, não respeitam essa regra, como quartzo, mica e feldspato; ou algumas rochas como gnaisse, mármore, basalto e gabro. Atualmente, existe uma comissão internacional encarregada da nomenclatura dos minerais: a Comissão de Novos Minerais e Novos Nomes de Minerais, da Associação Mineralógica Internacional (IMA). Para a criação de nome de um novo mineral, ela recomenda que sejam considerados os seguintes elementos:

- Situação geográfica do local de sua descoberta, por exemplo, amazonita em alusão à Amazônia, que se refere à variedade verde do microclínio $KAlSi_3O_8$, que é um mineral triclínico.
- Composição química do mineral, como molibdenita, que é um sulfeto de molibdênio (MoS_2).
- Propriedade física, como o ortoclásio, que apresenta duas direções de clivagem, que são ortogonais entre si, e apresenta composição $KAlSi_3O_8$, cristalizando-se no sistema monoclínico.

- Homenagear, se for o caso, uma pessoa ilustre, por exemplo, andradita – ($Ca_3Fe_2Si_3O_{12}$), em alusão ao patriarca da Independência do Brasil, José Bonifácio de Andrada e Silva.
- Homenagear, se for o caso, uma organização, por exemplo, romarchita (SnO), em alusão ao Royal Ontario Museum of Archeology.
- Registrar um evento fantástico, por exemplo, uraninita (UO_2), por causa da descoberta do planeta Urano.

Revisão de conceitos

1. Quantos e quais são os minerais da escala de dureza de Mohs?
2. Na Bahia encontram-se cristais muito bonitos de apatita azul e lilás. Por que eles não são usados como gemas?
3. Qual é a principal diferença entre mineral e rocha?
4. Todo mineral tem clivagem? Por quê?
5. Como é explicado o aparecimento de faces naturais nos minerais?
6. Como são classificados os minerais?
7. Quando a cor dos minerais pode auxiliar em sua identificação?
8. Dê nomes de três minerais do grupo dos silicatos.
9. A partir de um grupo comum de minerais (pirita, magnetita, galena, hematita e pirolusita), avalie suas principais características físicas (cor, brilho, traço, dureza, hábito e magnetismo) e organize-as em uma tabela; depois, use o *Guia para determinação de minerais*, de Leinz e Campos (1982), para comparar o resultado de suas determinações.

GLOSSÁRIO

Agregado de minerais: Conjunto de minerais da mesma espécie ou de espécies diferentes.

Botrioidal: Agrupamento de cristais de formas globulares que ocorrem em grupos; assemelha-se a um cacho de uvas.

Conchoidal: Fratura com superfícies curvas como uma concha marinha. É muito comum no quartzo.

Cristalografia: Estudo do estado cristalino, inclusive das estruturas cristalinas e suas simetrias, cujas propriedades têm grande importância na aplicação da indústria, particularmente eletrônica e de novos materiais.

Cúbico (ou isométrico): Sistema cristalino com três eixos de tamanhos iguais ($a = b = c$), que formam entre si ângulos de 90° ($\alpha = \beta = \gamma = 90°$).

Dendrítico: Hábito arborescente ou em forma de raízes.

Densidade: Razão entre a massa e o volume da substância que deve ser expressa em gramas por centímetro cúbico (g/cm^3).

Drusa: São agregados de uma mesma espécie mineral que se dispõem aproximadamente paralelos uns aos outros sobre uma superfície geralmente plana.

Escala de Mohs: Escala de dureza relativa dos minerais, com dureza organizada em ordem crescente (de 1 a 10), desenvolvida em 1812 pelo mineralogista alemão Friedrich Mohs.

Estalactítico: Hábito de agregados em forma de colunas/cilindros ou de cones pendentes do teto de cavernas.

Estalagmítico: Hábito de agregados em forma de colunas e de cones formados a partir do assoalho de cavernas e pelo gotejamento a partir do teto.

Evaporito: Rocha produzida pela evaporação de soluções aquosas, incluindo-se a água do mar, águas presentes em lagoas continentais etc.

Fibrorradial: Mineral com hábito fibroso e disposição radial.

Fibroso: Hábito em forma de fibras ou agulhas, capilares ou filiformes.

Fumarola: Atividade de origem vulcânica exalada como gases e vapores pela cratera do vulcão ou por fendas e fraturas existentes na crosta terrestre.

Gemologia: Estudo de minerais como ouro, prata, diamante etc., usados na fabricação de adornos e joias.

Geodo: São agregados de uma mesma espécie mineral que revestem a parte interna de uma cavidade e crescem a partir da parede em direção ao centro.

Grupo aniônico: Conjunto de átomos negativos que formam o radical negativo de um composto químico como o $(SiO_4)^{4-}$.

Hexagonal: Sistema cristalino com dois eixos de tamanhos iguais ($a = b$) e um de tamanho diferente (c): dois deles (a e β) formam entre si ângulos de 90°, e o outro (γ), um ângulo de 120°.

Laminar (ou placoide): Hábito de um mineral laminar (em forma de lâminas), delgado ou achatado.

Lapidado/lapidação: É uma técnica usada para ressaltar e dar mais brilho, principalmente às pedras preciosas, de forma a refletir melhor a luz.

Mamelonar: Agrupamento de cristais com grandes massas arredondadas que se assemelham a mamas.

Micáceo: Hábito folheado comum em minerais da classe dos filossilicatos, a exemplo daqueles do grupo das micas.

Mineralogia: Disciplina da Geologia que estuda os minerais, em termos de composição, estrutura, aparência, estabilidade, ocorrência e associações mineralógicas.

Monoclínico: Sistema cristalino com três eixos de tamanhos diferentes ($a \neq b \neq c$): dois deles (a e γ) formam entre si ângulos de 90°, e o outro (β), um ângulo diferente de 120°.

Ortorrômbico: Sistema cristalino com três eixos de tamanhos diferentes ($a \neq b \neq c$), que formam entre si ângulos de 90° ($a = \beta = \gamma = 90°$).

Perláceo ou porcelânico: Brilho reluzente como o de uma pérola.

Polimorfismo: Propriedade de alguns minerais com a mesma composição química, porém com estrutura cristalina diferente.

Ripiforme ou tabular: Cristais prismáticos, alongados, muitas vezes orientados; hábito comum em feldspatos.

Silicato: É a mais importante classe mineral abundante da crosta terrestre, formada pela combinação de quatro átomos de oxigênio (O^{2-}) com um de silício (Si^{4+}), que resulta no grupo aniônico SiO_4^{4-}, cuja configuração estrutural é um tetraedro, em que o íon de silício ocupa a sua parte central e o de oxigênio, os seus vértices.

Simetria: É uma propriedade mineral decorrente de sua estrutura cristalina. Ela resulta do arranjo ordenado dos átomos e reflete a composição química do mineral. A simetria dos minerais pode ser descrita por seus elementos de simetria, que são planos, eixos e centro de simetria.

Tenacidade: Propriedade física de resistência ao choque mecânico.

Tetragonal: Sistema cristalino com dois eixos de tamanhos iguais ($a = b$) e um de tamanho diferente (c), que formam entre si ângulos de 90° ($a = \beta = \gamma = 90°$).

Triclínico: Sistema cristalino com três eixos de tamanhos diferentes ($a \neq b \neq c$), que formam entre si ângulos diferentes de 90°.

Trigonal: Sistema cristalino com três eixos de tamanhos iguais ($a = b = c$): dois deles (a e β) formam entre si um ângulo de 90°, e o outro (γ), um ângulo diferente de 90°.

Referências bibliográficas

ANDRADE, F. R. D. et al. A Terra sólida: minerais e rochas. In: TEIXEIRA, W. et al. (Orgs.). *Decifrando a Terra*. 2. ed. São Paulo: Companhia. Editora Nacional, 2009. p. 130-151.

KLEIN, C.; HURLBUT JR., C. S. *Manual of Mineralogy*. New York: John Wiley & Sons, 1993. 596 p.

LEINZ, V.; CAMPOS, J. E. S. *Guia para determinação de minerais*. 9. ed. São Paulo: Editora Nacional, 1982.

MADUREIRA, J. B. et al. Minerais e rochas. In: TEIXEIRA, W. et al. (Orgs.). *Decifrando a Terra*. São Paulo: Oficina de Textos, 2000.

PRESS, F. et al. *Para entender a Terra*. Tradução: R. Menegat, P. C. D. Fernandes, L. A. D. Fernandes, C. C. Porcher. Porto Alegre: Bookman, 2006. 656 p.

CAPÍTULO 2
Origem, formação e importância das rochas ígneas
Herbert Conceição e Ian McReath

Principais conceitos

▶ As rochas ígneas são produtos da cristalização ou da solidificação de magma, que é um líquido quente gerado no interior da Terra, no manto ou na crosta, pela fusão parcial das rochas lá presentes.

▶ Na superfície da Terra, o magma resfria-se rapidamente e forma cristais (em geral submilimétricos a milimétricos). Às vezes o magma solidifica-se muito rapidamente e forma apenas vidro vulcânico, substância amorfa, sem estrutura cristalina. Essas rochas chamam-se vulcânicas.

▶ No interior da Terra, o magma se resfria lentamente, o que permite a formação de cristais maiores (até centimétricos), pois o tempo de cristalização é suficientemente lento para seu crescimento. As rochas assim formadas chamam-se plutônicas.

▶ Outras características importantes das rochas ígneas são suas composições mineralógicas que determinam seus nomes.

▶ No campo, as rochas ígneas podem ser classificadas de acordo com suas texturas: dimensão, forma e relações entre os cristais, presença ou não de vidro vulcânico etc. O geólogo depende desse critério para fazer a cartografia geológica de uma área.

▶ Durante o trabalho de campo, é muito importante determinar as relações geométricas entre as rochas (corpos) subvulcânicas (ou hipabissais) e plutônicas com as rochas ao seu redor (rochas encaixantes).

▶ É importante ainda determinar as dimensões dos corpos subvulcânicos e plutônicos, pois isso permite atribuir nomes específicos a eles.

▲ Interação entre rochas ígneas de composições diferentes: ácida (clara) e básica (escura). O material claro, de composição granítica, invade e se mistura fisicamente com o material escuro (canto superior esquerdo). O material claro preserva estrutura e textura magmáticas primárias.

Introdução

Rochas ígneas são produtos da solidificação ou da cristalização de magma, que é um material fundido quente produzido pela fusão parcial de rochas presentes no interior da Terra. Sua natureza é atualmente bem conhecida, pois o magma é uma fusão silicática complexa de ânions e cátions. Forma um sistema composto químico que obedece às mesmas regras de comportamento de soluções aquosas encontradas comumente, como na cozinha ou em aulas práticas de laboratório de química quando se adiciona sal à água. Quando a concentração de qualquer componente (soluto) ultrapassa o limite de sua solubilidade no solvente, ocorre a precipitação.

Dependendo da profundidade em que o magma interrompe sua ascensão no interior da Terra, ele se resfria, se solidifica e dá origem às rochas plutônicas ou às rochas vulcânicas.

Ao chegar à superfície terrestre, o magma encontra um ambiente de temperatura baixa e sua solidificação ocorre rapidamente. Com isso, não haverá tempo suficiente para a formação de grandes cristais e sua textura (granulação) resultante será afanítica, fina ou muito fina, que é típica do resfriamento na superfície de rocha vulcânica (**Figura 2.3 a** e **b**). A textura ígnea resultante do resfriamento muito rápido não permite que os componentes químicos formem as estruturas cristalinas dos minerais, e o produto desse processo é o vidro vulcânico, que é um sólido amorfo (sem estrutura cristalina ordenada). As rochas vulcânicas serão tratadas mais detalhadamente no próximo capítulo.

Quando o magma se cristaliza no interior da Terra, na crosta, por exemplo, a temperatura lá é maior do que na superfície, particularmente nas regiões mais profundas da mesma, onde a velocidade de resfriamento é muito mais lenta, uma vez que é menor a diferença térmica entre a temperatura do magma que está cristalizando e da rocha encaixante. Os cristais crescem ao redor de poucos núcleos e formam as rochas plutônicas, que constituem o tema principal deste capítulo. A textura

Quadro 2.1 – A mitologia e os nomes de rochas

Da mitologia grega são originados muitos nomes usados em Geologia. Plutão era o deus do submundo, do inferno ou do Hades (**Figura 2.1**), enquanto Vulcano era o ferreiro dos deuses (**Figura 2.2**).

▲ **Figura 2.1** – Escultura representando o deus Plutão, em exposição no Palácio de Nymphenburg, em Munique, Alemanha.

▲ **Figura 2.2** – Estátua representando o deus Vulcano, em exposição no Parque Red Montain, na cidade de Birmingham, Alabama (EUA).

dessas rochas é comumente grossa (1 a 3 cm) ou muito grossa (> 3 cm), com poucos cristais muito grandes (**Figura 2.3 c e d**)

No domínio subvulcânico ou hipabissal, as condições de cristalização são intermediárias e, portanto, as texturas apresentam frequentemente características transicionais entre as texturas vulcânicas e plutônicas. Alguns cristais destacam-se em rochas plutônicas e vulcânicas, por serem maiores que os outros (**Figura 2.4**). Eles são denominados fenocristais ou megacristais, quando alcançam dimensões centimétricas. Sua presença revela que a cristalização prosseguiu por etapas e os fenocristais teriam se cristalizado lentamente. Nesses casos, a textura é denominada porfirítica.

Em algumas rochas plutônicas, a textura pode ser muito grossa (cristais com até uma dezena ou mais de centímetros), que é característica dos pegmatitos. Muitos pegmatitos são félsicos (compostos predominantemente de quartzo e feldspatos) e formam diques com larguras de poucos centímetros até alguns metros (**Figura 2.5**). Em casos excepcionais, os pegmatitos formam grandes bolsões até pequenos *stocks* (ver adiante), com diâmetros de centenas de metros e podem representar fontes importantes de minerais com elementos químicos raros, como o berílio.

▲ **Figura 2.3** – Fotomicrografias de lâminas delgadas de rochas (espessura de cerca de 0,03 mm). (a) Rocha vulcânica máfica (rica em minerais com magnésio e ferro) chamada basalto, que é produto da solidificação rápida (e consequentemente com cristais pequenos) de magma máfico. Os minerais essenciais visíveis na rocha são plagioclásio cálcico em forma de ripa clara e clinopiroxênio cálcico (mais escuro e amarelado). As porções escuras são representadas por óxidos de ferro e titânio. (b) A mesma lâmina quando vista com iluminação especial e nicóis cruzados; a presença de dois polarizadores permite que os minerais mostrem colorações específicas. O plagioclásio adquire as cores branca e preta, enquanto que o clinopiroxênio cálcico se torna mais colorido e sua cor em luz polarizada é bastante forte. (c) Gabro, o equivalente plutônico do basalto, mostra o plagiocásio cálcico, o clinopiroxênio cálcico (variedade augita) e a olivina magnesiana. Esses minerais permitem classificar a rocha como variedade de olivina-gabro. (d) Mesma lâmina delgada que a fotomicrografia anterior (c).

▲ **Figura 2.4** – Megacristais de feldspato com 3-4 cm de comprimento, imersos em uma matriz (massa) com cristais menores que 0,5 cm. Granito porfirítico de Pedra Bela, próximo da cidade homônima, região de Bragança Paulista, divisa de Minas Gerais com São Paulo.

▲ **Figura 2.5** – Veio típico de pegmatito que secciona um granito, onde a maioria dos cristais de quartzo e feldspatos é maior que 2 cm. Há poucos cristais de minerais máficos (escuros). A tonalidade levemente amarronzada se deve ao intemperismo, que teria oxidado os minerais de ferro. Distrito de Perus, região da Zona Norte do município de São Paulo.

Composição dos magmas e das rochas ígneas

A maioria dos magmas contém silício e oxigênio como elementos químicos predominantes. Esses magmas são denominados silicáticos e podem apresentar ampla variação em suas composições químicas. As rochas formadas a partir de magmas que contêm alumínio, cálcio, ferro e magnésio são também abundantes e constituem as rochas ultramáficas (muito ricas em magnésio), as quais são relativamente raras, exceto nas sequências de rochas vulcânicas mais antigas da Terra. Algumas rochas vulcânicas ultramáficas são denominadas komatiitos, porque a primeira ocorrência foi descrita ao longo do rio Komati, no sul da África, na década de 1960. Essas rochas estão metamorfizadas, mas ainda preservam texturas exóticas com cristais muito alongados e finos, em consequência do resfriamento rápido. As rochas vulcânicas máficas são, geralmente, representadas por basaltos.

No outro extremo das rochas ultramáficas e máficas têm-se as rochas félsicas, muito ricas em silício e oxigênio e menos ricas em alumínio, potássio e sódio, representadas por dacitos e riolitos. Entre os dois extremos existem as rochas intermediárias, representadas, por exemplo, pelos andesitos. Para cada rocha vulcânica há uma equivalente plutônica.

Um tipo raro de magma é composto por carbonato, que é encontrado hoje em lavas extravasadas em um vulcão da África Oriental. Rochas plutônicas formadas por carbonatos (carbonatitos) formam intrusões com diversas idades geológicas em várias partes do mundo, inclusive no Brasil (Jacupiranga, SP; Araxá, MG; Catalão, GO; e Lages, SC). Elas são importantes na produção de apatita (fonte de fósforo), minério utilizado na fabricação de fertilizantes, e de pirocloro (rico em nióbio), empregado na indústria metalúrgica.

Composições químicas e mineralógicas dos principais tipos de rochas ígneas

Composições químicas de exemplos selecionados de rochas ígneas são apresentadas na **Tabela 2.1** em porcentagens de peso dos óxidos dos principais elementos químicos. É uma forma convencional de apresentação, pois os métodos analíticos determinam as concentrações dos elementos sem o oxigênio, cuja presença é importante, porém de difícil determinação. Assim, admite-se que os principais elementos químicos das rochas combinem com o oxigênio para formar óxidos e, depois, entre si para formar os minerais. As somas de óxidos dos elementos da **Tabela 2.1** não atingem 100%, porque alguns elementos com teores mais baixos foram omitidos. As composições de rochas plutônicas equivalentes são muito parecidas.

Tabela 2.1 – Composições químicas das principais rochas ígneas

	Ultrabásica		Básica		Intermediária		Ácida		
Amostra	1	2	3	4	5	6	7	8	9
SiO_2	44,6	45,5	48,1	51,3	57,9	59,6	68,2	71,9	74,2
Al_2O_3	3,0	3,6	14,7	15,9	16,9	15,7	15,1	14,0	13,3
FeO*	9,1	10,5	11,1	10,1	8,7	10,3	5,0	2,6	1,7
MgO	39,5	34,5	12,7	9,5	5,2	3,5	2,0	0,7	0,3
CaO	3,5	5,1	10,4	11,3	8,4	7,0	4,3	2,4	1,6
Na_2O	0,2	0,5	2,2	2,6	2,6	3,9	3,6	2,9	4,2
K_2O	<0,1	0,2	0,4	0,50	1,0	1,5	2,2	5,4	3,2

▲ Rochas ígneas ultramáficas 1-2 = komatiito (ou peridotito); máficas 3-4 = basalto (ou gabro); intermediárias 5-6 = andesito (ou diorito); félsicas 7 = dacito (ou granodiorito e tonalito); e 8-9 = riolito (ou granito). Fora dos parênteses estão as rochas vulcânicas e dentro deles estão as equivalentes plutônicas. Em cada categoria, as composições químicas são variáveis.

(*) O ferro pode estar presente nas rochas sob forma ferrosa (Fe^{+2}) ou férrica (Fe^{+3}). Atualmente, há uma tendência de se referir à concentração de ferro sob um ou outro estado de oxidação, pois a determinação dos estados separadamente é trabalhosa. As composições são expressas em porcentagens de peso, sob cada uma das formas, pois a soma total perfaz 100% e, quando o teor de um componente, como a SiO_2, aumenta, os teores dos outros componentes diminuem.

Constitui prática comum representar os resultados de análises químicas na forma gráfica, utilizando um dos componentes como referência, comumente a SiO_2. Isso ajuda a identificar as diferenças de composição entre os diversos tipos de rochas ígneas. As **Figuras 2.6a** e **2.6b** representam os diagramas de variação de composições químicas das rochas listadas na **Tabela 2.1**.

As composições químicas dos magmas determinam quais minerais serão formados sob as condições de pressão vigentes, quando da sua cristalização ou solidificação. Muitas rochas ígneas formam-se sob pressões relativamente modestas no interior ou na superfície das camadas externas da Terra, mas poucos são os minerais comuns que se formam nessas condições. Algumas combinações de minerais essenciais, que são predominantes nas rochas ígneas, definem seus nomes. Outros minerais não essenciais, denominados varietais, podem estar presentes em determinados tipos de rochas. Porém, quando seus volumes são superiores a 5%, os nomes desses minerais são adicionados ao nome da rocha, possibilitando sua qualificação (exemplo: biotita granito), que é útil para enfatizar a grande variedade de muitas rochas ígneas comuns.

A **Tabela 2.2** apresenta os minerais essenciais e as variedades de dois tipos de rochas ígneas muito comuns, como o granito (rocha plutônica, a mais abundante, com seu equivalente vulcânico, o riolito) e o gabro (equivalente plutônico da rocha vulcânica mais abundante, que é o basalto) (**Figura 2.7**).

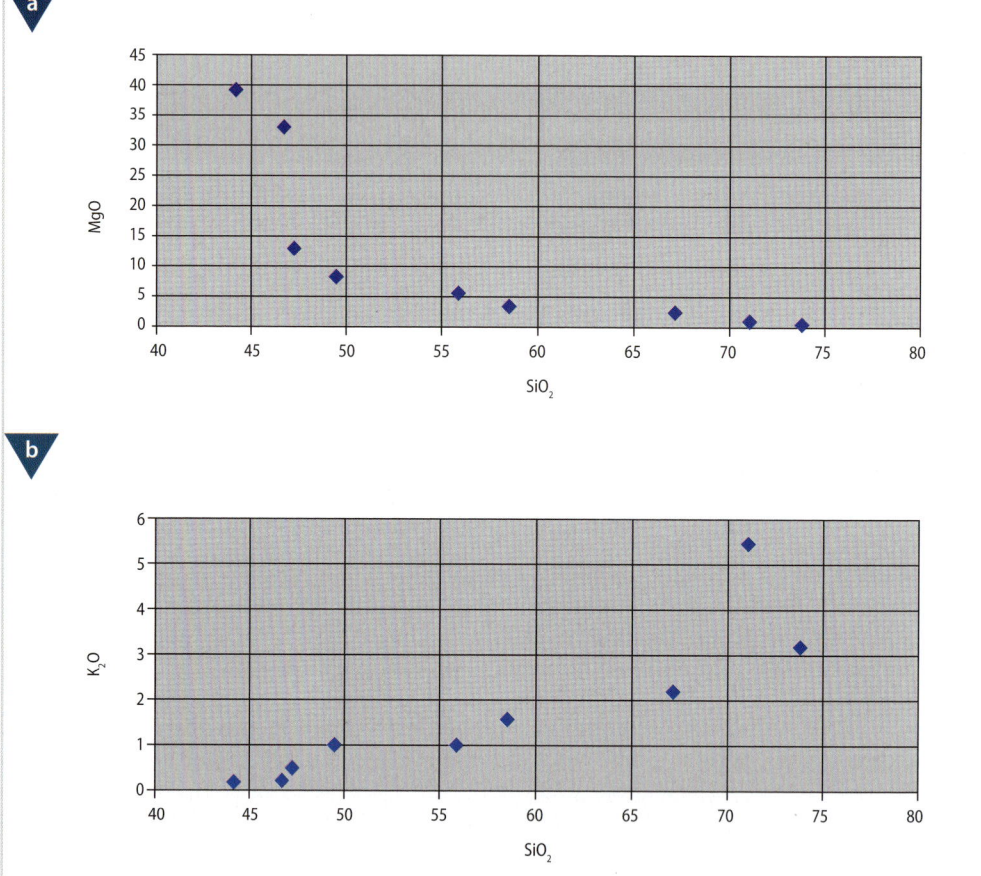

▲ **Figura 2.6** – Diagramas de variação de composições químicas de rochas ígneas. (a) SiO_2 *versus* MgO: note a diminuição abrupta dos teores de MgO com aumento do teor de SiO_2. Se as rochas representadas fizessem parte de uma mesma unidade de rocha ígnea, esse comportamento possivelmente permitiria o desdobramento da origem dessas rochas. (b) SiO_2 *versus* K_2O: diferentemente do comportamento dos teores de MgO, os de K_2O aumentam desde valores muito baixos até valores maiores, embora nunca atinjam valores muito altos.

Tabela 2.2 – Composições mineralógicas de duas rochas ígneas mais comuns na crosta da Terra		
Rocha	**Minerais essenciais**	**Exemplos de minerais comuns em rochas básicas e ácidas**
Gabro (basalto)	Plagioclásio cálcico e clinopiroxênio cálcico	Olivina magnesiana → olivina-gabro (basalto) e óxidos de ferro e titânio → ferro-gabro (basalto).
Granito (riolito)	Quartzo, plagioclásio sódico e feldspato alcalino	Anfibólio (geralmente hornblenda, raramente sódico) e mica (biotita ou moscovita)

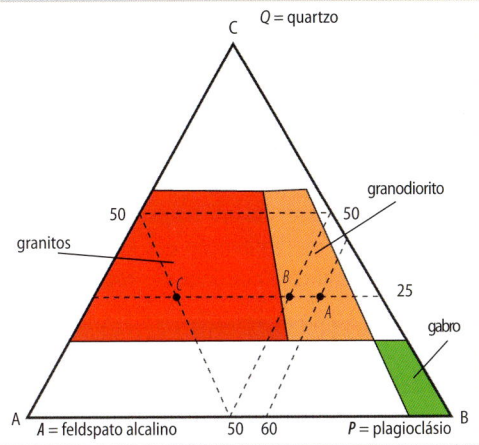

▲ **Figura 2.7** – Diagrama triangular QAP, que relaciona as proporções entre os volumes de quartzo (Q), feldspato alcalino (A) e plagioclásio (P) em rocha com menos de 90% de volume de minerais ferromagnesianos. As proporções volumétricas de QAP são estimadas em relação às proporções volumétricas de todos os minerais presentes na rocha, ignorando-se as dos minerais coloridos. A porcentagem volumétrica de Q é obtida por $100 \times Q_{medida}/(Q_{medida} + A_{medida} + P_{medida})$. Da mesma maneira são calculadas A e P e depois lançados a composição no diagrama. A composição representada por $Q = 25\%$, $A = 15\%$ e $P = 60\%$, que corresponde à rocha, é um granodiorito. No diagrama triangular estão indicadas as áreas das composições de gabro, granodiorito e granito, apresentadas nas **Tabelas 2.1** e **2.2**. Avalie as composições das amosras B e C indicadas no diagrama QAP.

Fonte: Streckeisen, 1967.

▲ **Figura 2.8** – Granito com textura porfirítica, destacando-se cristais maiores de feldspato alcalino (róseo/avermelhado) em uma matriz mais fina, constituída de plagioclásio (esbranquiçado), quartzo (cinza claro) e pontuações pretas de biotita (cinza escuro/preto). Região de Tete, Moçambique.

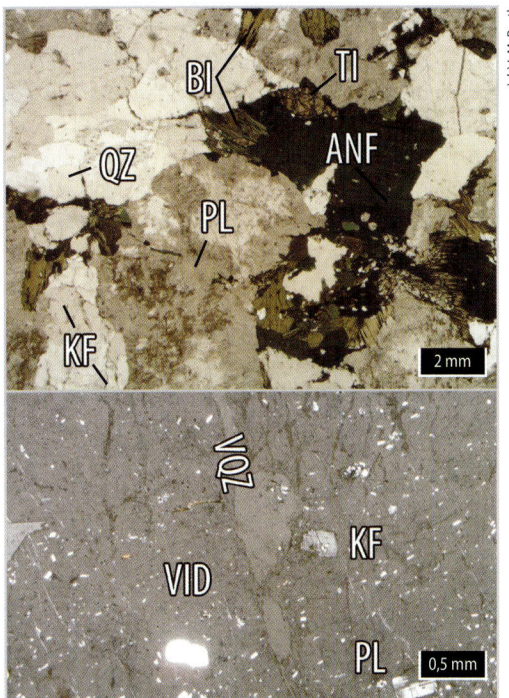

▲ **Figura 2.9** – Fotomicrografias de lâminas delgadas de (a) granito (semelhante à amostra apresentada na **Figura 2.5**) e (b) riolito em iluminação especial. Além dos minerais essenciais identificados como QZ (quartzo), PL (plagioclásio) e KF (feldspato potássico), o granito contém variedades do mineral anfibólio (ANF) e biotita (BI), além de minerais acessórios presentes em pequenas quantidades, como titanita (TI), que é um silicato de titânio e cálcio e allanita, que é um silicato de Y (Ítrio), Ce (Cério) e La (Lantânio). No riolito foram identificados fenocristais de plagioclásio (PL) e feldspato (KF), imersos em vidro vulcânico (substância amorfa). Um veio de quartzo (VQZ) corta a rocha (VID).

Como se pode classificar as rochas ígneas com base nas composições mineralógicas? Durante quase dois séculos, os pesquisadores propuseram muitos esquemas de classificação para as rochas ígneas. O resultado foi um aumento exagerado do número de nomes específicos, que só os especialistas podiam compreender. Felizmente, há aproximadamente 30 anos, a União Internacional das Ciências Geológicas (IUGS, segundo a sigla em inglês) apresentou uma sugestão de simplificação radical da terminologia que, por ser também exagerada, ignorava as bases fundamentais das propostas anteriores, que deveriam ser também respeitadas.

Na **Tabela 2.1** são apresentadas as composições químicas dos principais tipos de rochas ígneas, enquanto na **Tabela 2.2**, as composições mineralógicas das duas rochas vulcânicas mais comuns e de seus correspondentes plutônicos, com destaque para os seus minerais essenciais. Nota-se que, entre o gabro e o granito, os minerais essenciais são de naturezas distintas. Ignorando-se, no momento, o clinopiroxênio cálcico, presente no gabro (basalto) e a mica e o anfibólio presentes no granito (riolito), a maior diferença entre essas rochas reside na presença de quartzo e feldspato alcalino neste último e de plagioclásio cálcico no primeiro (**Quadro 2.2** e **Figura 2.10**). As composições químicas das rochas intermediárias sugerem que o plagioclásio sódico (> 50% de albita) e o piroxênio e o anfibólio são os minerais mais abundantes, enquanto o plagioclásio cálcico (> 50% de anortita) é mais abundante no gabro. Essa tendência de aumento ou diminuição das abundâncias de determinados minerais continua nas rochas félsicas.

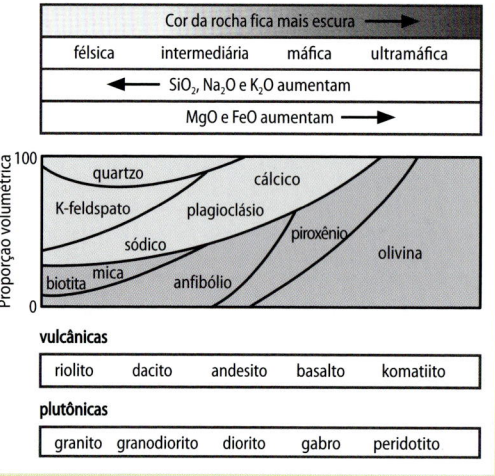

Quadro 2.2 – Relação entre a composição mineralógica e química das rochas e sua cor

No diagrama de composições mineralógica e química e de cor das rochas ígneas mais comuns (**Figura 2.10**) verifica-se que os minerais ricos em magnésio e ferro adquirem tonalidades escuras (muitas vezes esverdeadas), enquanto os minerais ricos em óxidos de silício e de álcalis (Na_2O, K_2O) exibem cores claras. Deste modo, as cores das rochas podem ser úteis nas suas identificações. O gráfico ao lado mostra esquematicamente as proporções relativas dos principais minerais presentes.

◀ **Figura 2.10** – Síntese das relações entre as composições mineralógica e química e as cores das rochas ígneas comuns.

Fonte: modificado de Szabó et al. (2000).

Por que há tanta diversidade de rochas ígneas?

Muitas rochas de composições diferentes podem servir de fonte para a produção de magma. Espera-se que a composição da rocha-fonte influencie na composição do magma formado pela fusão parcial.

As rochas-fonte podem se fundir apenas de modo incipiente quando a temperatura alcançada é pouco superior a de seu ponto de fusão. Nesse caso, a taxa de fusão é reduzida e apenas os componentes de pontos de fusão mais baixos passam ao estado líquido. Quando a temperatura alcançada é muito superior à do ponto inicial de fusão, a taxa de fusão aumenta e o material fundido incorpora componentes químicos representados por minerais mais refratários (os que possuem maior dificuldade para se fundir).

Durante sua ascensão dentro das camadas externas da Terra, o magma pode passar por vários processos que modificam sua composição. Em uma câmara magmática podem ser precipitados alguns minerais e, portanto, o magma modificado (residual) adquire uma composição diferente da original. Esse processo, denominado cristalização fracionada, atraiu a atenção de pesquisadores no século XX, pois representa um processo muito importante na evolução dos magmas.

Mais recentemente foi reconhecida a possibilidade de os magmas quentes interagirem ao permanecerem em contato com as rochas encaixantes, resultando disso a ocorrência de trocas seletivas de elementos químicos nos dois sentidos, isto é, do magma para as encaixantes e vice-versa. Esses processos são denominados reações de assimilação com as rochas encaixantes ou de contaminação crustal, quando os magmas máficos ou ultramáficos ascendem por meio da crosta continental.

Outro fenômeno comum é a mistura entre magmas. Por exemplo, quando dois magmas, um máfico e outro félsico, se encontram durante sua ascensão rumo à superfície terrestre, eles podem interagir e sofrer modificações composicionais, cujas intensidades dependem das naturezas dos magmas envolvidos. Assim, a interação entre os dois magmas acima pode formar um magma misto, cuja composição resultante depende das contribuições relativas dos dois magmas envolvidos.

Rochas plutônicas

Estruturas de substrato dos vulcões

Os vulcões representam elevações originadas por acumulações de produtos de erupções vulcânicas. Debaixo deles ocorrem canais ou condutos de alimentação, além das fraturas que hospedam os diques, chaminés cilíndricas por meio das quais transitam os magmas que se dirigem aos focos de erupção dos vulcões e, finalmente, as câmaras magmáticas, nas quais os magmas permanecem temporariamente antes das erupções (**Figura 2.11**). As entranhas subterrâneas dos vulcões ou seus "encanamentos ígneos", em vulcões ativos, são investigados indiretamente pela geofísica, que pode detectar a presença de bolsões de material líquido e a migração dos magmas no interior da Terra, por meio de focos de terremotos que ocorrem durante a ascensão dos magmas.

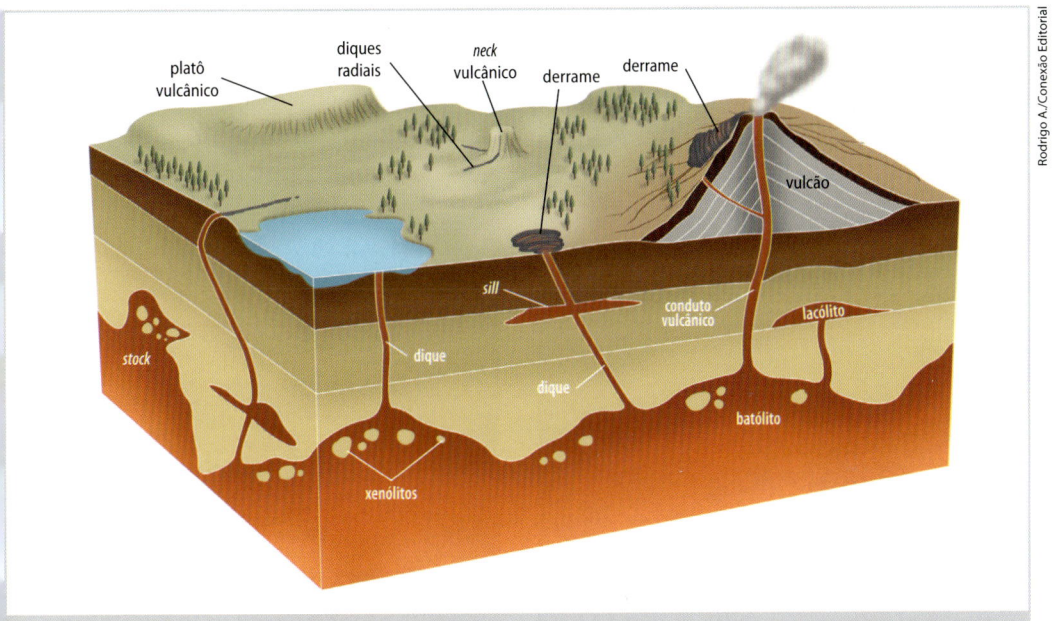

▲ **Figura 2.11** – Bloco-diagrama mostrando variedades de produtos vulcânicos e de rochas hipabissais e plutônicas. Fonte: modificado de Szabó et. al. (2000).

Eventualmente, as porções mais profundas dos "condutos ígneos" podem ser expostas. O intemperismo, a tectônica e a erosão atuam profundamente em um vulcão extinto. Em profundidades relativamente pequenas no substrato do vulcão (algo entre 1-2 km) são encontrados os condutos de alimentação das erupções e as câmaras magmáticas rasas, que armazenam os magmas antes das erupções.

Nas câmaras magmáticas, os magmas entram em contato com as rochas encaixantes (**Figura 2.12**) e a transferência de calor entre aquelas e estas pode provocar metamorfismo de contato (ver **Capítulo 7**) por meio do seu aquecimento.

No interior de câmaras magmáticas ocorre a cristalização parcial dos magmas, sendo então formados grandes cristais, que podem ser transportados pelo magma e incorporados às rochas vulcânicas como fenocristais. Igualmente, fragmentos de rochas encaixantes podem ser destacados por ele durante sua ascensão e incorporados às rochas vulcânicas como xenólitos (rochas exóticas) (**Figura 2.13**).

As massas plutônicas são classificadas de acordo com seus tamanhos e suas relações geométricas com as rochas encaixantes, que as hospedam (**Figura 2.14**). Os corpos tabulares, estreitos e compridos, com relações discordantes com as estruturas das rochas encaixantes, são denominados diques (**Figura 2.11**). Os diques são formados quando a crosta é arqueada para cima e distendida lateralmente, favorecendo a ascensão de material quente, magmático. As espessuras de diques máficos variam de alguns decímetros a centenas de metros e os comprimentos, de dezenas de metros a centenas de quilômetros. Quando existem muitos diques em uma área relativamente restrita, denomina-se ao conjunto desses corpos intrusivos como enxames de diques. Exemplo: enxame de diques de diabásio associado ao Arco de Ponta Grossa (PR), situado na borda leste da Bacia do Paraná.

Entre os corpos discordantes, os corpos intrusivos aproximadamente circulares, com diâmetros variáveis entre centenas de metros a poucos quilômetros, têm-se os *stocks* (**Figura 2.11**). As intrusões discordantes, com a expressão superficial superior a 100 km^2, são denominados batólitos (**Figuras 2.11** e **2.15**), que supostamente exibem formas irregulares e seriam bastante profundos.

Excetuando-se as grandes cadeias montanhosas, como a Cordilheira dos Andes, é incomum nas intrusões surjam diferenças de altitudes superiores a algumas centenas de metros. Portanto, a interpretação de estruturas mais profundas depende de inferências, quando não há apoio de informações indiretas como as geofísicas. Essas informações podem fornecer, mediante as análises de densidades das rochas e de suas propriedades magnéticas, dados imprescindíveis para definir a forma das massas plutônicas em profundidade.

▲ **Figura 2.12** – Dique de pegmatito, falhado, cortando o Monzogranito Sítios Novos, Estado de Sergipe.

▲ **Figura 2.13** – Xenólitos de biotita gnaisse que foram parcialmente "digeridos" pelo Granito Tipo Glória, Estado de Sergipe.

▲ **Figura 2.14** – Derrames de lavas basálticas maciças (cor escura) intercalados com camadas (decimétricas a métricas) de tufos vulcânicos (cor cinza clara a bege). Islândia.

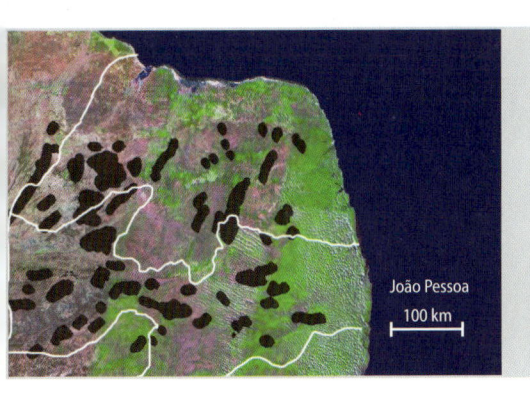

◀ **Figura 2.15** – Imagem de satélite adaptada em cores falsas do extremo noroeste do estado da Paraíba, Nordeste do Brasil. Destaca-se, em manchas pretas, a área de ocorrência de parte do batólito de Catolé do Rocha (representado em preto), que continua para Oeste (esquerda) e adentra o estado do Rio Grande do Norte. As porções acinzentadas correspondem a rochas com pouca ou nenhuma cobertura de solos. Fonte da imagem disponível em: <www.inpe.br>, acesso em 21 fev. 2019. Arquivos do estado da Paraíba.

As intrusões com as bordas concordantes com a das estruturas regionais planares das rochas encaixantes, como as estratificações sedimentares e foliações metamórficas, incluem os *sills* (ou soleiras) que pouco ou nada interferem na modificação das referidas estruturas (Figura 2.11). Suas espessuras variam desde dezenas até centenas de metros (raramente atingem um a dois milhares de metros), enquanto a extensão lateral pode alcançar dezenas de quilômetros. Outras estruturas concordantes incluem os lacólitos (Figura 2.11), que causam arqueamento para cima das camadas rochosas sobrejacentes.

A criação de espaço para acomodação de magmas na crosta

Para que o magma possa penetrar em outras rochas, é necessário ter o espaço para sua acomodação. O fraturamento da crosta por forças extensionais representa um dos mecanismos que permite ao magma situado em profundidade subir por intermédio da crosta. Além disso, a pressão exercida pelos gases na parte superior da câmara magmática pode levar também ao fraturamento das rochas encaixantes acima dela e permitir a subida do magma. Durante sua trajetória, o magma pode penetrar ao longo de descontinuidades, como estratificações sedimentares horizontais ou de descontinuidades preexistentes ou geradas pela pressão exercida pela fase fluída presente no magma.

Em níveis mais profundos da crosta, em geral superiores a 10 km, o efeito da temperatura torna as rochas mais amolecidas (plásticas), razão pela qual elas podem ser deformadas mais facilmente do que as rochas situadas em níveis mais rasos da crosta, inferiores a 8 a 10 km. (ver **Capítulo 7**). Nesse sentido, a penetração do magma em níveis mais profundos da crosta pode ocorrer com pressões menores e tende, nessas regiões, a formar intrusões concordantes com as rochas encaixantes.

▲ **Figura 2.16** – Disjunção colunar (10 m × 7 m) em rochas vulcânicas básicas da Islândia.

Quadro 2.3 – Belas pedras ígneas brasileiras

Granitos e outras rochas parecidas são abundantes no Brasil. Em virtude de sua resistência mecânica e química, são muito utilizados para fabricar paralelepípedos e meios-fios para calçar ruas. Entretanto, a utilização mais importante é na confecção de chapas polidas, que encontram aplicações no revestimento de pisos e paredes, e como tampas de mesas e balcões.

Da próxima vez que passear em um *shopping center*, em um grande supermercado, em um aeroporto, em uma estação rodoviária (em São Paulo ou Rio de Janeiro) ou no metrô, olhe para o piso ou para as paredes. É muito provável que haja algum granito como piso em um desses lugares.

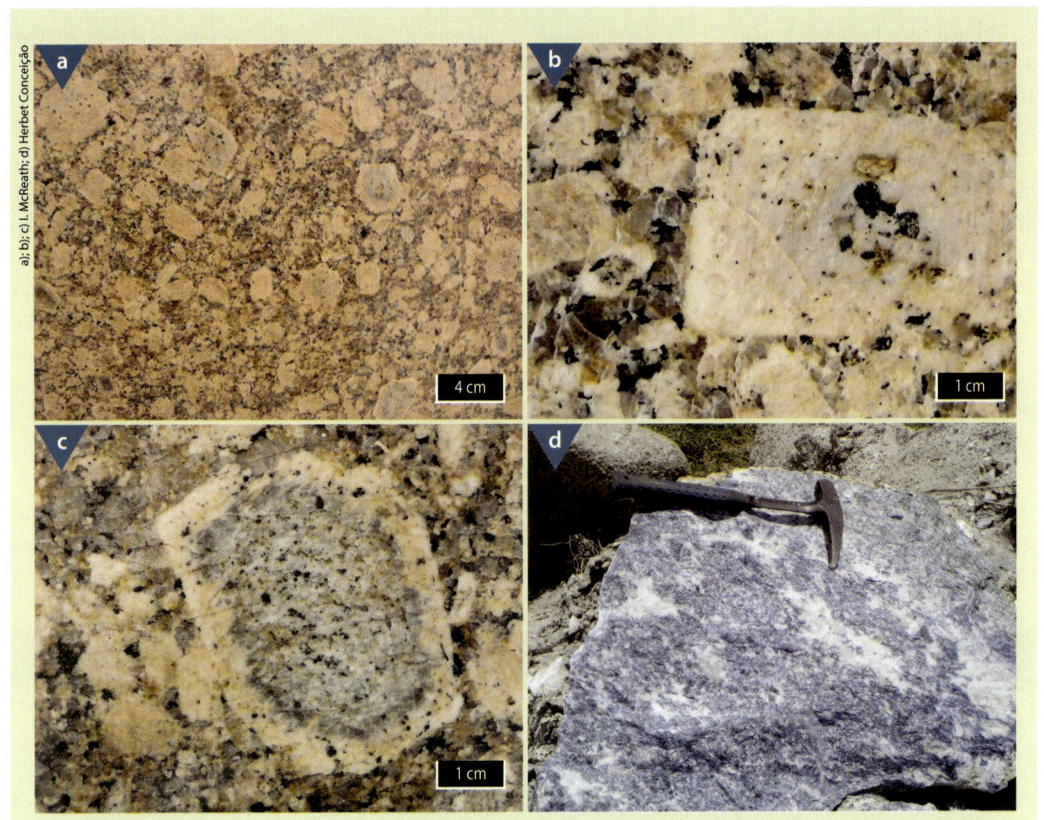

▲ **Figura 2.17 –** (a) Granito porfirítico com cristais bem formados (idiomórficos) de feldspato alcalino em uma matriz contendo principalmente feldspato alcalino e quartzo. (b) Detalhe de (a) com feldspato alcalino idiomórfico contendo inclusões escuras de turmalina. (c) Detalhe de (a) com feldspato zonado contendo mais inclusões (escuras) na parte central (clara) do que na borda (avermelhada). d) Sodalita-sienito do Complexo Alcalino Floresta Azul, sul da Bahia, conhecido comercialmente como "Granito Azul Bahia". É uma rocha alcalina (sem quartzo) de granulação grossa que contém em geral mais de 20% do mineral azul chamado sodalita. Contém ainda nefelina, feldspato alcalino e mica rica em ferro (annita).

Rochas ígneas no Brasil

As rochas ígneas mais antigas do Brasil, que se conhecem até o momento, datam do Arqueano, como os núcleos de rochas metaplutônicas, com 3,4 Ga de idade, encontrados na região de Contendas Mirante, sudoeste da Bahia. Os momentos de clímax das atividades magmáticas em território brasileiro teriam ocorrido nos ciclos Transamazônico (2,2 e 2,0 Ga) e Brasiliano (0,65 a 0,55 Ga). Os produtos dessas atividades magmáticas abrangem áreas consideráveis do território nacional, entre as quais destacam-se os granitos. Os batólitos graníticos são especialmente comuns nas regiões Nordeste e Sudeste do Brasil, onde foram muitas vezes alojados a grandes profundidades na crosta continental. Como os processos de erosão e soerguimento tectônico não atingiram profundidades crustais semelhantes, por vezes são observadas apenas as porções mais superiores e mais diferenciadas (evoluídas) desses batólitos. Há também intrusões graníticas mais rasas, como o Complexo Granítico de Lavras do Sul, na porção central do Escudo Sul-Rio-Grandense, que preserva nas suas imediações os equivalentes vulcânicos das rochas plutônicas do complexo.

Mesmo no Éon Fanerozoico, correspondente aproximadamente aos últimos 550 Ma, o território brasileiro continuou como palco de vários episódios de magmatismo, dos quais o mais expressivo foi sem dúvida o vulcanismo ligado à abertura do Oceano Atlântico, entre os períodos Jurássico e Cretáceo, cujo registro se encontra atualmente na Bacia do Paraná, onde o referido vulcanismo ocupa uma área de cerca de 1 200 000 km². Mais recentemente, entre o Cretáceo e o início do Paleógeno, ocorreu em todo o Brasil Meridional um importante episódio magmático de natureza alcalina. Esse magmatismo se reveste de grande importância econômica, pois a ele estão associadas mineralizações de fosfato, urânio, nióbio, terras raras etc. Uma estrutura circular de grandes dimensões, como a de Poços de Caldas (MG), representa provavelmente a porção rasa de um antigo edifício vulcânico, que teria se formado há cerca de 75 Ma.

Em tempos geológicos relativamente recentes (entre 12 a 1,7 Ma) ocorreram importantes focos de vulcanismo ao longo de zonas de fratura no Oceano Atlântico (ver **Capítulo 3**), a exemplo do Arquipélago de Fernando de Noronha (PE). Ainda que não se assemelhem aos vulcões atualmente ativos, esse arquipélago e as ilhas de Trindade e Martim Vaz têm origem vulcânica. O Atol das Rocas, o único atol do Oceano Atlântico Sul, situa-se sobre a mesma zona de fratura onde se localiza o Arquipélago de Fernando de Noronha, que deve ter também um substrato vulcânico. Sobre essa zona de fratura, que se estende até o continente, encontram-se diversos montes submarinhos que devem ser igualmente vulcânicos, além de rochas ígneas no estado do Ceará.

Quadro 2.4 – Rocha ornamental rara

Entre as muitas outras opções de rochas ornamentais, uma das mais bonitas tem o nome popular de "Bahia Azul". É encontrada no sul do estado da Bahia. A rocha contém o mineral azul chamado de sodalita (**Quadro 2.3d**). Por conter também feldspatos e não conter quartzo, a rocha recebe o nome técnico de sodalita-sienito. O que destaca essa ocorrência das demais no mundo é a abundância e a cor intensa da sodalita. O comprimento do cabo do martelo é de 30 cm.

Quadro 2.5 – Curiosidade

Entre as muitas ocorrências de rochas ígneas no Brasil, o que há de mais estranho e interessante para os estudiosos da Terra? Entre as muitas possibilidades, destacamos os kimberlitos e os diamantes contidos neles.

Há várias regiões no Brasil que concentram ocorrências de kimberlitos, rochas ultramáficas com grandes concentrações de potássio nas suas composições. Alguns são portadores de diamantes, outros não.

O que há de especial no diamante? Ele é uma forma do elemento nativo de carbono. Embora seja possível produzir diamantes muito pequenos a baixas pressões, por exemplo, quando se condensam os produtos da queima de uma vela contra uma superfície fria, tudo indica que os diamantes encontrados nos kimberlitos são formados a altas pressões dentro da Terra. Mediante estudos feitos em laboratório, estima-se que a pressão mínima para a formação do diamante seja de aproximadamente 50 mil vezes a pressão atmosférica (50 quilobars – Kb), o que corresponde a uma profundidade algo em torno de 150 km, ou seja, dentro do manto terrestre.

O fato de se encontrar diamantes é, por si só, muito interessante. Significa que os kimberlitos devem ascender no interior da Terra com velocidades muito altas. Dentro da Terra há regiões oxidantes que destruiriam os diamantes, caso eles permanecessem ali por muito tempo. Quando o kimberlito passa por essas regiões, as superfícies deles podem ser alteradas parcialmente.

Para os estudiosos da estrutura interna da Terra, no entanto, outros fatos são mais importantes. Muitos diamantes contêm pequenas inclusões de minerais que devem ter se formado também a altas pressões, na parte ainda mais profunda do interior da Terra.

Revisão de conceitos

Atividades

1. Como a velocidade de resfriamento do magma influi nas relações geométricas entre os produtos sólidos?
2. Relacione as diferenças entre basalto (a rocha vulcânica mais abundante) e granito (a rocha plutônica mais abundante).
3. Quais as diferenças mais importantes entre: (a) dique e *sill*; (b) *stock* e batólito?
4. Use as análises fornecidas na **Tabela 2.1** para produzir um gráfico tipo pizza usando os seguintes elementos: SiO_2; Al_2O_3; $FeO + MgO + CaO$; $Na_2O + K_2O$. O que é mais fácil entender, os diagramas de pizza ou a tabela bruta?
5. Usando as análises fornecidas na **Tabela 2.1**, calcule as composições químicas que resultam do processo de mistura de magmas. Use as composições 4 e 8 e veja o que acontece quando se misturam; (a) 20% de peso de 4 com 80% de peso de 8; (b) 80% de peso de 4 com 20% de peso de 8. Depois de calcular os resultados, coloque as composições em gráficos de MgO *versus* SiO_2 e de K_2O *versus* SiO_2, e compare esses gráficos com os da **Figura 2.6**. Consegue deduzir algo sobre o processo de mistura de magmas?
6. A capacidade do magma ultramáfico de fundir rochas félsicas é muito grande graças a sua alta capacidade termal. Calcule o resultado da mistura de uma parte do magma 2 com duas partes do magma 9 e compare a composição resultante com as outras análises da **Tabela 2.1**. O produto parece mais com qual tipo de rocha?

GLOSSÁRIO

Alcalina (rocha, composição ou natureza): É uma rocha ígnea com minerais insaturados em sílica (SiO_2), incluindo feldspatoides (nefelina, sodalita, leucita etc.), feldspatos potássicos e sódicos, anfibólios ou piroxênios alcalinos (augitas ricas em Al e Ti) e olivinas ricas em magnésio (forsteritas).

Andesito: Rocha vulcânica de composição química intermediária.

Assimilação: Processo de interação entre um magma (frequentemente básico) e rochas dos condutos ou das câmaras magmáticas.

Basalto: Rocha vulcânica de composição química máfica.

Batólito: Grande massa intrusiva, discordante, com área exposta maior que 100 km².

Câmara magmática: Volume ocupado temporariamente por magma durante sua ascensão dentro da Terra.

Carbonatito: Rocha ígnea formada pela cristalização de magma composto principalmente de carbonatos.

Contaminação crustal: Interação de magma com rochas da crosta modificando sua composição. Especialmente usado no caso de magma máfico passando pela crosta continental cuja composição média é intermediária a félsica.

Cristalização fracionada: Processo que decorre da cristalização progressiva de minerais diversos, a partir de um magma parental e com o decréscimo de temperatura. Primeiro cristalizam-se os minerais de mais alto ponto de fusão (os mais ferro-magnesianos); depois, os de ponto de fusão intermediário e, por fim, os de baixo ponto de fusão (os mais félsicos).

Dacito: Rocha vulcânica félsica.

Dique: Corpo ígneo que atravessa estruturas geológicas locais.

Disjunção colunar: Fraturas poligonais formadas pela contração do magma durante seu resfriamento, particularmente em derrames e soleiras (*sills*) de composição básica. Resultam colunas ou prismas alongados de tendência hexagonal e paralelos.

Félsica (rocha, lava): Usada para indicar rochas ricas em feldspatos e sílica.

Fenocristal: Cristal que se destaca por ser pelo menos 10 vezes maior que os demais minerais que compõem o resto da rocha.

Gabro: Rocha plutônica máfica que contém, como minerais essenciais, plagioclásio e piroxênio cálcicos.

Granito: Rocha plutônica félsica que contém, como minerais essenciais, plagioclásio sódico, feldspato alcalino e quartzo.

Hipabissal (rocha): Rocha formada a pequena profundidade, acima do nível plutônico e abaixo do nível vulcânico.

Intermediária (composição): Termo que indica composições entre máfica e félsica.

Komatiito: Rocha vulcânica ultramáfica de ocorrência maior no Arqueano.

Lacólito: Corpo intrusivo com base plana e teto que arqueia as rochas sobrejacentes.

Máfico(a) (magma, rocha): Magma relativamente pobre em sílica, com menos de 50% de sua composição, mas rico em elementos/minerais ferromagnesianos. A rocha máfica possui de 45% a 52% de SiO_2.

Magma: Líquido formado pela fusão parcial de rochas existentes dentro da Terra.

Megacristal: Qualquer cristal de tamanho excepcional.

Mineral acessório: Mineral presente em pequena quantidade na rocha.

Mineral essencial: Mineral cuja presença é imprescindível para que possamos conferir determinado nome a determinada rocha.

Mistura de magmas (ou mistura entre magmas): Processo que ocorre quando dois magmas se encontram durante a ascensão. Pode resultar na formação de um magma cuja composição difere das originais.

Pegmatito: Rocha plutônica de granulação muito grossa. Geralmente félsica.

Pirocloro: É um mineral da classe dos óxidos, denominado nióbio-tantalato de cálcio, que se encontra associado a carbonatitos e possui a seguinte composição: $(Ca, Na)_2(Nb, Ti, Ta)2O_6(OH, F, O)$. Constitui-se uma das principais fontes de nióbio do Brasil e do mundo.

Porfirítica (textura): Textura na qual ocorrem cristais (fenocristais) maiores imersos em uma matriz de granulação mais fina.

Plutônica (rocha): Rocha formada em profundidade dentro da Terra.

Riolito: Rocha vulcânica félsica.

Rocha encaixante: Rocha que forma as paredes de câmaras magmáticas, dos *sills*, diques, batólitos etc.

Sill (ou soleira): Intrusão com geometria concordante com a das estruturas das rochas encaixantes, que pode ser a estratificação/acamamento sedimentar ou a foliação/bandamento metamórica(o).

Stock: Corpo ígneo intrusivo com área exposta inferior a 100 km^2.

Subvulcânica (rocha): veja **Hipabissal**.

Textura: Descreve a cristalinidade da rocha, a dimensão e a forma dos cristais e as relações e arranjos dos seus constituintes.

Ultramáfico(a) (lava, magma, rocha): São rochas (lavas/magmas) ricas em silicatos ferromagnesianos, como minerais do grupo das olivinas $(Mg, Fe)_2 SiO_4$ e dos piroxênios $(Mg, Fe, Ca)(Mg, Fe) Si_2O_3$.

Varietal (mineral): Mineral não essencial, presente em quantidades não desprezíveis, que serve para distinguir a rocha de outras similares. Exemplos: olivina gabro e quartzo gabro.

Vidro vulcânico: Produto vulcânico sem estruturação cristalina.

Vulcânica (rocha, lava): Rocha formada na superfície da Terra.

Xenólito: Rocha estranha ao corpo magmático.

Referências bibliográficas

PRESS, F. et al. *Para entender a Terra*. Tradução: R. Menegat, P.C.D. Fernandes, L.A.D. Fernandes, C.C. Porcher. Porto Alegre: Bookman, 2006. p. 119-151.

STRECKEISEN, A. L., 1967. Classification and nomenclature of igneous rocks. Final report of an inquiry. *Neues Jahrbuch fur Mineralogie, Abhandlungen*, vol. 107, p.144-240.

SZABÓ, G. A. J.; BABINSKI, M.; TEIXEIRA, W. Rochas ígneas. In: TEIXEIRA, W. et al. (Orgs.). *Decifrando a Terra*. São Paulo: Oficina de Textos, 2000.

CAPÍTULO 3
Vulcões e vulcanismo

Herbert Conceição, Ian McReath
e Leila Soares Marques

Principais conceitos

▶ A viscosidade dos magmas varia muito de acordo com sua composição e temperatura.

▶ As características das erupções vulcânicas e as formas dos edifícios vulcânicos são influenciadas pela viscosidade.

▶ Além da viscosidade, outra propriedade importante é o conteúdo em componentes voláteis que se desprende dos magmas durante as fases finais de erupção.

▶ Os magmas máficos, ricos em magnésio e ferro e pobres em voláteis, são muito fluidos e, portanto, escoam facilmente por longas distâncias na superfície da Terra.

▶ Os magmas félsicos, ricos em sílica, são muito mais viscosos. Dessa maneira, suas erupções são explosivas e produzem fragmentos rochosos de vários tamanhos.

▶ As erupções vulcânicas são eventos geológicos de curta duração (horas a meses), porém podem produzir mudanças climáticas com duração de anos.

▶ O vulcanismo pode ser o ponto de partida no ciclo das rochas, que abrange aspectos das dinâmicas externa e interna da Terra, tratados nos capítulos subsequentes.

▲ O vulcão de Colima, com altitude de 3 860 m, é o mais ativo do México. Faz parte de um complexo vulcânico maior, de composição dominantemente andesítica. Caracteriza-se por atividade vulcânica explosiva e efusiva, sendo conhecido principalmente pela ocorrência de vários colapsos gravitacionais do edifício vulcânico, que resultou na formação de extensos depósitos de avalanche de detritos.

Introdução

As atividades vulcânicas concentram-se principalmente em faixas que correspondem ao limite de placas divergentes e convergentes de placas litosféricas, bem como em seus interiores. Nesses locais, a fusão parcial de rochas existentes no interior da Terra produz o magma, que ascende à superfície. Parte do magma pode ficar retida no interior da crosta, onde se cristaliza lentamente para formar as rochas ígneas plutônicas, enquanto outra parte pode chegar à superfície, mesmo após algumas paradas nas câmaras magmáticas, onde ocorre parcial cristalização. Quando o magma escoa sobre a superfície terrestre, ele passa a ser denominado lava.

Durante a ascensão, o magma pode incorporar fragmentos de rochas das paredes dos condutos vulcânicos ou das câmaras magmáticas. Esses fragmentos de rochas recebem o nome genérico de xenólito, que em grego significa "rocha estranha" (Figura 3.1). Os produtos da solidificação do magma na superfície, compostos de vidro, de cristais e eventualmente de fragmentos de rochas, constituem as rochas vulcânicas.

▲ **Figura 3.1** – Xenólito subesférico de peridotito esverdeado arrancado do manto superior da Terra durante a ascensão de magma máfico, que se solidificou para formar o basalto (rocha escura) com xenólito. Amostra de basalto do Paraguai, pertencente à coleção didática do Instituto de Geociências da Universidade de São Paulo.

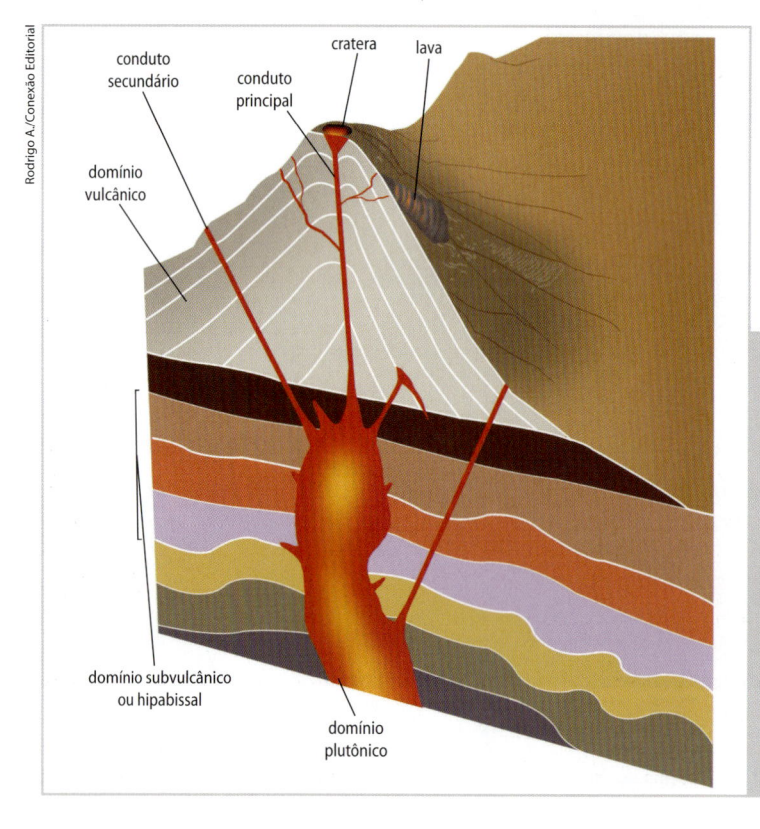

◄ **Figura 3.2** – Bloco-diagrama de um edifício vulcânico composto por camadas de rochas vulcânicas na superfície e rochas plutônicas no interior, separadas por outras rochas da crosta terrestre. A ilustração mostra o magma que se movimenta na crosta acima. Logo abaixo do edifício vulcânico, a zona de transição entre o ambiente vulcânico e o plutônico constitui a zona subvulcânica ou hipabissal.

Na superfície terrestre, o magma quente solidifica-se rapidamente em contato com o ambiente, de temperatura muito mais baixa. As rochas vulcânicas, associadas a um centro vulcânico, constituem as estruturas ou edifícios vulcânicos dos vulcões, que são descritos neste capítulo.

A Figura 3.2 corresponde à ilustração de um estratovulcão ou vulcão composto, cujo edifício vulcânico é formado por intercalações de derrames de lavas (cores escuras) e camadas de materiais piroclásticos (cores claras). Os materiais piroclásticos são formados por fragmentos de magma rompidos e solidificados subaereamente durante a erupção. Os vulcões compostos são estruturas típicas formadas em zonas de convergência de placas litosféricas.

O magma quente que alimenta as erupções (representadas na cor laranja à vermelha) acumula-se temporariamente em câmaras magmáticas nos domínios plutônico e subvulcânico, onde se cristalizam os fenocristais (cristais maiores). Em seguida, atinge a superfície por meio de fraturas (condutos tabulares ou tubulares) que alimentam as erupções. Quando o magma se solidifica no interior dos condutos, formam-se os diques e os tampões (*plugs*), respectivamente.

Características de um magma

Composições química e mineralógica dos magmas

Algumas características composicionais dos magmas foram abordadas no capítulo anterior. O tipo mais comum é o silicático, que é composto comumente por ânions de O, Si e Al e cátions como Al, Fe, Mg, Ca, Na e K. Por possuir raio pequeno e carga alta, o cátion Al^{3+} pode não só substituir o Si^{4+} na estrutura do tetraedro, mas também pode atuar como cátion junto aos outros elementos listados, que ocupam os sítios cristalográficos mantendo junto os ânions.

Em um dos extremos das composições de magmas silicáticos, há os magmas ultramáficos, que são muito ricos em MgO e FeO e relativamente pobres em SiO_2, Al_2O_3, CaO e em óxidos dos elementos alcalinos, como Na e K. No outro extremo há os magmas félsicos, que são ricos em SiO_2, Al_2O_3, Na_2O e K_2O e contêm baixos teores de Fe, Mg e Ca. Entre esses dois extremos situam-se os magmas máficos e intermediários, cujas composições químicas variam gradualmente.

Componentes voláteis nos magmas

Além dos elementos químicos que participam na formação dos principais minerais das rochas vulcânicas, o magma contém compostos voláteis que já se apresentam gasosos ou se vaporizam na temperatura e na pressão da superfície terrestre. Esses compostos são representados principalmente por água, dióxido de carbono e uma menor concentração de ácido sulfídrico. Nos magmas ultramáficos e máficos, os teores dos componentes voláteis são geralmente baixos; já nos magmas intermediários e félsicos, esses teores são mais altos. Nessas rochas, as concentrações de voláteis são suficientemente altas para a formação de minerais em que a água é um constituinte essencial, quando se incorpora às estruturas dos anfibólios e das micas.

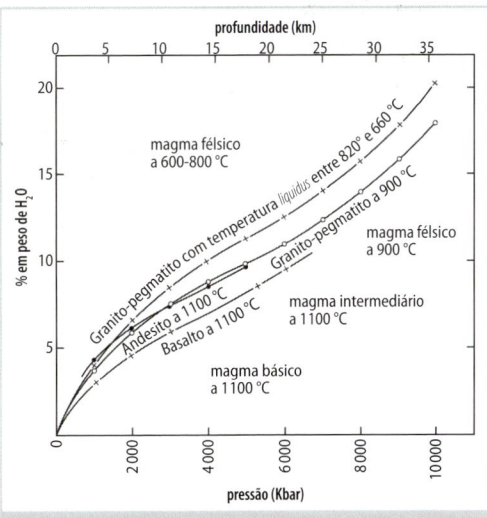

▲ **Figura 3.3** – O gráfico mostra o aumento da solubilidade de água com o aumento da pressão dos magmas sob diferentes pressões. Observa-se que a solubilidade aumenta sistematicamente com a profundidade dentro da Terra por causa do aumento de peso da coluna de rochas situada acima de um determinado ponto localizado em seu interior. Esse peso denomina-se pressão litostática.

A solubilidade dos componentes voláteis é mais alta no magma submetido à alta pressão (Figura 3.3), ou seja, com o aumento de profundidade. Com a ascensão do magma, ocorre uma redução de pressão e, consequentemente, diminui a solubilidade dos seus voláteis. Quando a quantidade de componentes voláteis dissolvidos ultrapassa o limite de solubilidade do magma, sob determinada pressão (dependendo da profundidade no interior da Terra), ocorre a liberação de bolhas desses gases e a transformação do magma em uma espuma.

Espumas solidificadas de magmas máficos recebem o nome de escória e as de magmas félsicos, de pedra-pome ou púmice (**Figuras 3.4b e c**), que era muito usada antigamente para lixar e deixar macia a sola dos pés. O tamanho dos fragmentos, de espuma solidificada, varia desde bombas (> 65 mm) e *lapilli* (entre 2 a 65 mm) até cinzas (< 2 mm). As consequências da liberação dos componentes voláteis são explicadas adiante.

▲ **Figura 3.4** – Depósitos de material piroclástico. (a) Pedra-pome (ou púmice) contendo blocos de tamanhos variáveis. (b) Bombas (escuro) recobertas por pedra-pome (claro). (c) Tufos vulcânicos estratificados contendo localmente fragmentos maiores de blocos e bombas vulcânicas. (d) Tufo vulcânico contendo nível de *lapilli*, o qual foi erodido antes da deposição do tufo vulcânico situado acima. Sicília, Itália (a e b); Tenerife, Espanha (c) e Islândia (d).

Quadro 3.1 – Importância da água na ascensão de magmas na crosta

Um magma subsaturado em água, isto é, com concentração de água inferior à factível naquela pressão (ponto X na **Figura 3.3**), pode tornar-se saturado em água ao ascender dentro da crosta, uma vez que a concentração necessária para a saturação diminui com a queda de pressão. Isso pode ocorrer em magma de qualquer composição, seja ultramáfico, máfico, intermediário ou félsico, contanto que tenha em torno de 1,5% em peso de água. Nessa condição, a pressão atinge cerca de 500 bars, a qual corresponde cerca de 500 vezes maior que a pressão atmosférica. Essa pressão é atingida a uma profundidade de cerca de 1500 m, logo abaixo da base do vulcão. Quando é ultrapassado o limite de solubilidade da água, o magma entra em ebulição e libera o excesso de água nas formas gasosa e líquida.

Temperaturas e mobilidade de magmas ultramáfico e máfico

No Arqueano e Paleoproterozoico, ou seja, há aproximadamente 2,1 ou mais bilhões de anos passados (abreviado para 2,1 Ga), o magma ultramáfico era relativamente comum; porém no registro Fanerozoico, correspondente aos últimos 550 milhões de anos (abreviado para 550 Ma), essas rochas (por exemplo, o komatiíto) são raras. Com base nos estudos feitos em laboratório, pode-se inferir que, quando o magma chegava à superfície, a temperatura era superior a 1500 °C. Isso sugere que as temperaturas internas na antiga Terra eram superiores às atuais, que geralmente são inferiores às necessárias para fundir e gerar magmas com essas composições.

A viscosidade do magma ultramáfico, produzido por fusão parcial do manto terrestre, deveria ter sido baixa; portanto, o escoamento da lava ultramáfica teria sido muito rápido e a sua alta temperatura teria sido suficiente para fundir algumas rochas sobre as quais ela passava. O intervalo de temperatura entre o início da cristalização (*liquidus*) e da solidificação completa (*solidus*) deve ter sido suficientemente grande para permitir que a lava escoasse por grandes distâncias e se resfriasse completamente até perder a mobilidade.

A mobilidade ou viscosidade de magmas de outras naturezas depende muito de suas composições químicas. Quanto menor a viscosidade, maior será a mobilidade (**Figura 3.5**).

Erupções subaéreas de magma máfico (basalto)

O magma máfico proveniente do manto da Terra chega à superfície com temperatura em torno de 1200 °C, conforme medidas realizadas diretamente em vulcões ativos na Islândia e no Havaí. A essa temperatura, o magma exibe baixa viscosidade, que é comparável à de óleos lubrificantes usados em motores de máquinas que realizam trabalho pesado. A velocidade inicial de escoamento pode alcançar dezenas de quilômetros por hora. O teor de componentes voláteis nesses magmas é baixo e o vulcanismo é pouco explosivo.

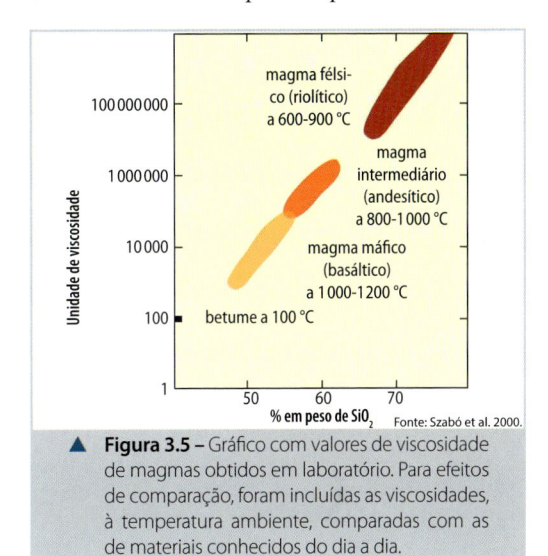

▲ **Figura 3.5** – Gráfico com valores de viscosidade de magmas obtidos em laboratório. Para efeitos de comparação, foram incluídas as viscosidades, à temperatura ambiente, comparadas com as de materiais conhecidos do dia a dia.

O magma sai por meio de fissuras ou condutos centrais como jatos fortes e intermitentes, que formam verdadeiras fontes magmáticas (**Figura 3.6**). Delas saem jatos de magmas incandescentes que alcançam alturas de dezenas a centenas de metros (**Figura 3.9**).

▲ **Figura 3.6** – Lava e plumas à noite. Em 29 de agosto de 2014, uma erupção fissural começou no limite norte de uma intrusão de magma situada em Holuhraun que se moveu progressivamente nessa direção, a partir do vulcão Bardarbunga. Este é um estratovulcão localizado abaixo do Vatnajokull, o mais extenso glacial da Islândia.

Os jatos de lava liberam gases nela contidos que se solidificam rapidamente, formando cavidades deixadas pela sua liberação que são denominadas de vesículas (Figura 3.7b). Os fragmentos ou piroclastos, inclusive as bombas com diâmetros superiores a 64 mm (Figura 3.7c), depositam-se ao redor do conduto e formam os cones de cinza vulcânica. Quando consolidados, esses depósitos formam as rochas piroclásticas. As bombas formam os aglomerados vulcânicos, os *lapilli*, os tufos-*lapilli*, e as cinzas, os tufos de cinzas.

▲ **Figura 3.7 –** Diferentes tipos de lavas: (a) escoriácea, (b) vesicular, (c) bomba vulcânica (canto inferior direito) e (d) lava em corda. Local das fotografias: Islândia (a, b e d) e Espanha (c).

A lava escoa e se resfria (Figura 3.8), causando a solidificação da sua superfície, e a crosta formada torna-se retorcida e origina uma estrutura em forma de corda (Figura 3.7d), que é denominada *pahoehoe* pelos habitantes nativos das ilhas do Havaí. Porém, o interior do derrame permanece ainda quente e fluido e a lava continua a escoar.

Com o resfriamento, a viscosidade da lava aumenta e adquire, em seguida, a consistência de uma graxa ou de um betume quente. Finalmente, antes da sua completa solidificação, a lava se movimenta muito lentamente e origina derrames com grandes blocos irregulares, chamados "a" ã. Esse tipo de derrame é escoriáceo no topo e na base (Figura 3.7a) e vesicular e maciço na porção intermediária. O interior dos blocos ainda permanece incandescente e o calor pode causar incêndios.

As encostas dos edifícios vulcânicos e vulcões são formadas predominantemente por derrames de basaltos com inclinações suaves. Os grandes vulcões ativos (atual e recentemente) nas ilhas do Havaí são desse tipo e denominam-se vulcão escudo. Muitos desses vulcões apresentam uma depressão central ou cratera e possuem cones e crateras secundárias nos flancos.

Figura 3.8 – Lava descendo a encosta durante a primeira fase da erupção do vulcão Eyjafjallajökull, Islândia, ocorrida em 2010, que causou o maior caos aéreo de todos os tempos na região e na Europa.

Erupção e fissura nos continentes

Atualmente, não há exemplos de grandes erupções ativas de basaltos sobre os continentes. Entretanto, em passado geológico relativamente recente, há cerca de 10 Ma, amplas áreas do oeste dos EUA foram recobertas por grandes volumes de derrames de basaltos e de outras rochas ígneas afins.

Em outros lugares e em diferentes períodos geológicos, por exemplo, no *Deccan* do oeste da Índia, há cerca de 65 Ma, na Bacia do Paraná (América do Sul), ao redor de 130 Ma, e na Sibéria, por volta de 220 Ma, ocorreu vulcanismo continental com formação de espessas pilhas de rochas predominantemente basálticas, às vezes acompanhadas por rochas mais diferenciadas (como "basaltos andesíticos" e riolitos, mais ricos em sílica que os basaltos da Bacia do Paraná). Em alguns países, esses derrames recebem o nome de *traps*, referência ao conjunto de derrames em camadas que forma na topografia uma série de degraus. Na maioria dos casos, as informações geocronológicas sugerem que os enormes volumes de magma foram liberados durante períodos geológicos muito curtos, entre 1 e 10 Ma.

Além da necessidade de uma fonte prolífica para fornecer grandes volumes de material efusivo, a composição e a temperatura do magma máfico

Figura 3.9 – Erupção de lava no gelo formando um cone vulcânico alongado durante a primeira fase da erupção do vulcão Eyjafjallajökull, Islândia, ocorrida em 2010.

quente, envolvido nessas erupções, devem ter se modificado no interior da crosta. Ao permanecer estacionário na base da crosta, o magma deve ter promovido a fusão generalizada das rochas presentes nessa região, pela sua transferência de calor. Os produtos dessas fusões parciais incluem magmas intermediários e félsicos que, uma vez estacionados por um certo tempo, teriam se solidificado e adicionado mais rocha máfica na base da crosta, aumento assim sua espessura com o tempo.

Esse tipo de atividade magmática em províncias vulcânicas continentais constitui o prenúncio de ruptura de grandes massas continentais (supercontinentes) que se fragmentarão a seguir. Como exemplo, podem-se citar os derrames de basaltos da Formação Serra Geral na Bacia do Paraná que, após seu extravasamento, ocorreu a ruptura do supercontinente Gondwana e a separação entre os continentes da África e da América do Sul, dando origem ao Oceano Atlântico Sul.

Quadro 3.2 – Exemplos de grandes estruturas vulcânicas

O maior vulcão escudo do Sistema Solar não é encontrado na Terra, mas sim em Marte. A altura desse vulcão, que é denominado Monte Olimpo, chega a 25 km, o diâmetro basal chega a 550 km e as dimensões da cratera central são 85 × 65 × 3 km. Ele é tão grande que na Terra ocuparia praticamente todo o estado de São Paulo (**Figura 3.10**).

▲ **Figura 3.10** – Vista do Monte Olimpo no planeta Marte.

A altura do maior vulcão das ilhas do arquipélago do Havaí, desde sua base no fundo oceânico até o seu cume, é em torno de 10 km, dos quais 5 km situam-se acima do nível do mar. Outros quatro vulcões, além de um novo foco de atividade submarina, ocorrem a leste da ilha principal do Havaí e são muito pequenos em relação ao Monte Olimpo.

Por outro lado, as ilhas havaianas formam apenas parte de um grande arquipélago de atóis e ilhas submersas, todos de origem vulcânica, que se formaram nos últimos milhões de anos (**Figura 3.11**). O volume total de magma extravasado na construção de todos esses vulcões é muito grande.

Enquanto o Monte Olimpo formou-se pela erupção de magma a partir de uma única fonte estacionária em relação ao conduto vulcânico, todas as ilhas do Oceano Pacífico, inclusive as ilhas havaianas, formaram-se a partir de uma fonte praticamente estacionária em relação aos condutos magmáticos. Isso mostra a existência de diferentes dinâmicas internas na Terra e em Marte.

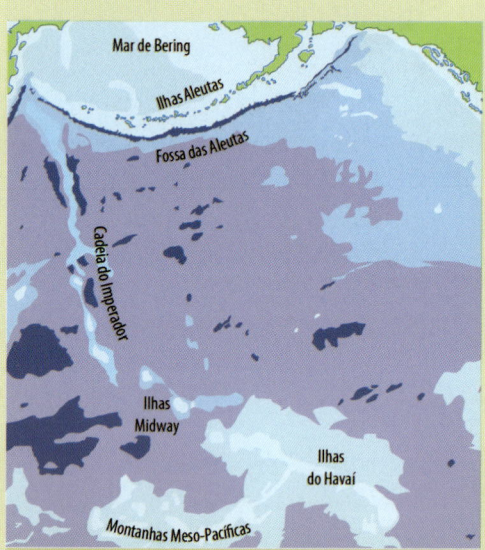

▲ **Figura 3.11** – As ilhas do arquipélago do Havaí e os montes submarinos do Imperador, uma das maiores cadeias submersas do mundo, onde a atividade vulcânica se iniciou há cerca de 50 Ma na parte norte da cadeia e continua até hoje em sua parte sul. Os tons mais claros correspondem às regiões mais rasas e os mais escuros, às regiões mais profundas, atingindo profundidades superiores a 4 km no mar de Bering e 7 km na fossa das Aleutas.

Erupções de magmas máficos nos fundos oceânicos

Observações feitas por submersíveis em erupções das dorsais mesoceânicas indicam que as erupções atuais de basaltos são relativamente tranquilas, pois se desenvolvem massas magmáticas em forma de charutos, as quais se resfriam e se rompem, dando lugar à fragmentação da rocha e formação de estruturas em forma de "almofadas" (**Figura 3.12**).

A seção lateral das "almofadas" (assim chamadas por sua semelhança com as almofadas domésticas) mostra projeções ("raízes") pontiagudas voltadas para baixo. Essas feições são muito úteis na identificação de base e topo de camadas, particularmente quando elas estão preservadas em rochas metamórficas mais antigas, pois elas permitem reconstruir a posição original das referidas lavas. Sabe-se, por exemplo, que as deformações posteriores podem modificar substancialmente a posição espacial das rochas, podendo inclusive invertê-las completamente em relação à sua posição estratigráfica original (ver **Capítulo 7**).

▲ **Figura 3.12a** – Exposição de lavas almofadadas básicas na Islândia. Elas recobrem, seguindo a superfície inclinada para a direita, lavas maciça e escoriácea na parte inferior esquerda da imagem.

▲ **Figura 3.12b** – Detalhe da imagem anterior, mostrando ao redor da "almofada" uma capa de granulação mais fina (marrom e cinza mais escuro), resultante do resfriamento da lava quando em contato com a água do mar. Nota-se a presença de fraturas em forma de leque na parte superior da almofada.

Muitas vezes, as almofadas apresentam crostas de material mais escuro, que correspondem às suas bordas de resfriamento. Os espaços entre as almofadas podem ser preenchidos por minerais depositados por soluções que circularam por meio dessas rochas (**Figura 3.13**).

A pressão exercida pelo peso da coluna de água sobre os magmas extravasados no fundo oceânico não é suficiente para impedir o escape de componentes voláteis do magma, que permanecem retidos em solução. Em função disso, as vesículas são comuns em basaltos subaéreos, porém não são encontradas em basaltos submarinos. Por outro lado, pesquisas recentes da topografia dos fundos oceânicos revelam a presença de interessantes feições cônicas associadas a centros vulcânicos aparentemente ativos.

▲ **Figura 3.13** – Lavas em almofadas em rochas vulcânicas submarinas com preenchimento dos espaços entre elas. Arroio Mudador (RS).

Temperaturas e mobilidades de magmas intermediários e félsicos

Em geral, as temperaturas de erupções inferidas para os magmas de composições intermediária e félsica, baseadas principalmente em estudos de laboratório, uma vez que a medição direta em campo é muito mais difícil e perigosa, são inferiores às de erupção dos magmas ultramáfico e máfico, porém podem alcançar até 1000 °C. A mobilidade do magma varia de moderada a muito pequena, conforme sua temperatura.

Embora ainda não tenham sido observadas diretamente, existem erupções de grandes derrames de lavas félsicas, bem como de extensos depósitos de material fragmentado. Algumas pequenas estruturas vulcânicas, como os tampões (*plugs*), que bloqueiam temporariamente os condutos vulcânicos, são formadas por magma contendo material bastante solidificado (minerais), de mobilidade muito reduzida.

Componentes voláteis em magmas intermediários e félsicos

Muitos magmas com essas composições são formados em margens de placas destrutivas. Na sua gênese, participam rochas sedimentares (presentes no topo do assoalho oceânico e nas fossas submarinas) e ígneas, que interagiram com a água do mar durante sua erupção em fundo oceânico. Consequentemente, a disponibilidade dos componentes voláteis é muito maior nessas rochas-fonte do que em magmas basálticos formados nas dorsais mesoceânicas.

Erupções explosivas, com formação de enormes colunas verticais de material piroclástico, e erupções laterais, com suspensões de fragmentos rochosos em gases muito quentes, denominadas nuvens ardentes (em francês, *nuées ardentes*), são características do vulcanismo nesse tipo de ambiente tectônico.

As cinzas finas, que alcançam as partes mais altas da atmosfera inferior, circulam ao redor da Terra durante algum tempo e bloqueiam parte da radiação solar e causam resfriamento. Enquanto isso, outros gases, como o dióxido de carbono e enxofre, entram na atmosfera. O primeiro contribui para aumentar o efeito estufa pela retenção da radiação solar, de maior comprimento de onda, na parte inferior da atmosfera, enquanto o segundo contribui para refletir a luz solar. Entretanto, o gás de enxofre, ao combinar-se com o vapor-d'água e o oxigênio na atmosfera, forma ácido sulfúrico (H_2SO_4), que origina a chuva ácida.

As erupções laterais são perigosas aos seres humanos, que habitam ou desenvolvem atividades nas encostas e ao redor desses vulcões. As nuvens ardentes possuem mobilidade muito maior que qualquer magma líquido, pois podem descer pelos vales, nas encostas dos edifícios vulcânicos, com velocidades da ordem de 100 km/h ou mesmo superiores.

Quadro 3.3 – Algumas erupções vulcânicas catastróficas

Alguns exemplos de erupções vulcânicas recentes, históricos e pré-históricos são aqui descritos sucintamente.

As erupções do vulcão Santa Helena, no oeste dos Estados Unidos, e do vulcão Soufrière Hills, na Ilha de Montserrat no Mar do Caribe, constituíram espetáculos impressionantes, que não tiveram maiores consequências, seja pela localização do vulcão fora de áreas densamente ocupadas, como o caso de Santa Helena, seja pelo avanço dos procedimentos de previsão e controle dos riscos da população ameaçada, no caso de Montserrat. No entanto, sem o avanço dos conhecimentos geológicos atualmente disponíveis, no mesmo Mar do Caribe, a erupção do Monte Pelée, na Ilha de Martinica, em 1902, destruiu uma cidade de quase 30 000 habitantes.

No final do século XIX, o vulcão Krakatoa, que estava situado entre as ilhas de Sumatra e Java da atual Indonésia, despedaçou-se numa erupção espetacular, cujos efeitos foram sentidos quase instantaneamente por ondas de *tsunami* destrutivas, além das nuvens de cinzas expulsas até a estratosfera de efeitos muito mais duradouros.

O Monte Vesúvio, na Itália, ficou famoso pela erupção ocorrida durante o século I da era cristã, que destruiu as cidades de Pompeia e Herculano, quando soterrou as construções e os habitantes sob espessas camadas de piroclastos. A erupção teria sido presenciada por Plínio, o Jovem, daí a denominação de "erupção pliniana", usada para designar erupções similares. Esse vulcão continua ativo e constitui uma ameaça à cidade de Nápoles.

Em meados do segundo milênio antes de Cristo, a erupção do vulcão Tera, cujos restos são preservados na Ilha de Santorini, ao sul do Mar Egeu (região leste do Mar Mediterrâneo), foi responsável pelas ondas de *tsunami* e terremotos, que destruíram a civilização minoana da ilha de Creta, além de soterrar com cinzas os povoados dessa ilha e vizinhanças.

Uma série de grandes erupções, ao longo de um milhão de anos, deu origem ao Lago Toba, ao norte da Ilha de Sumatra na Indonésia (**Figura 3.14**). Milhares de km^3 de piroclastos félsicos foram expelidos pelas erupções e parte dos fragmentos chegou até a Índia, situada a mais de 2000 km a noroeste. É possível que a última erupção, ocorrida há cerca de 60 000 anos, tenha causado mudanças climáticas que retardaram as migrações humanas no Hemisfério Norte.

▲ **Figura 3.14** – O Lago Toba, com 100 km de comprimento por 30 km de largura, ocupa uma cratera dupla ou tripla formada durante erupções sucessivas. A ilha vulcânica chamada Samosir ocupa o centro da cratera.

Vulcões e vulcanismo no Brasil

Embora atualmente não existam vulcões ativos no Brasil, há muitos exemplos de estruturas e rochas vulcânicas antigas, principalmente grandes depósitos continentais. Na Bacia do Parnaíba foram extravasados basaltos há 200 Ma, quando teria sido iniciado o processo de abertura da parte central do Oceano Atlântico. Essa ocorrência, além de outra nas Guianas, representa parte de uma grande província magmática, atualmente separada pela Deriva Continental, que abrangeu parte do noroeste da África e leste e sudeste dos Estados Unidos.

As rochas vulcânicas da Bacia do Paraná são outro exemplo brasileiro de província ígnea de grandes dimensões. Essa bacia se estende desde as regiões Centro-Oeste, Sudeste e Sul do Brasil até o Paraguai, Argentina e Uruguai. As rochas vulcânicas, principalmente basálticas, foram extravasadas há cerca de 130 Ma como um prelúdio à abertura do Oceano Atlântico Sul, tendo rochas de idades equivalentes no sudoeste da África.

Durante os últimos 20 a 30 Ma, vários vulcões estiveram ativos em águas territoriais brasileiras. Esses vulcões são representados hoje em dia pelos arquipélagos de Abrolhos (BA), Fernando de Noronha (PE), no Oceano Atlântico, Pico do Cabugi (RN), bem como pelas ilhas de Trindade e de Martim Vaz, cujas formas atuais não lembram um clássico edifício vulcânico. Essas rochas (vulcânicas e subvulcânicas) apresentam em geral textura porfirítica em lâmina delgada (Figura 3.15).

▲ **Figura 3.15** – Lâmina delgada de um dique da Ilha de Fernando de Noronha com a textura porfirítica típica de rochas vulcânicas. A imagem à direita é a mesma lâmina sob luz polarizada com nicóis cruzados. Amostra cedida pela prof.ª M. N. C. Ulbrich.

Almeida (1955), em sua monumental obra denominada *Geologia e Petrologia do Arquipélago de Fernando de Noronha*, fez o primeiro mapa geológico da região (Figura 3.16), onde separou dois grupos de rochas vulcânicas: um mais antigo do Mioceno Superior (Formação Remédios), e outro mais novo, do Plioceno Superior ao início do Pleistoceno (Formação Quixaba). Além disso, separou rochas intrusivas, representadas por "*necks*", "*plugs*" e "*diques*".

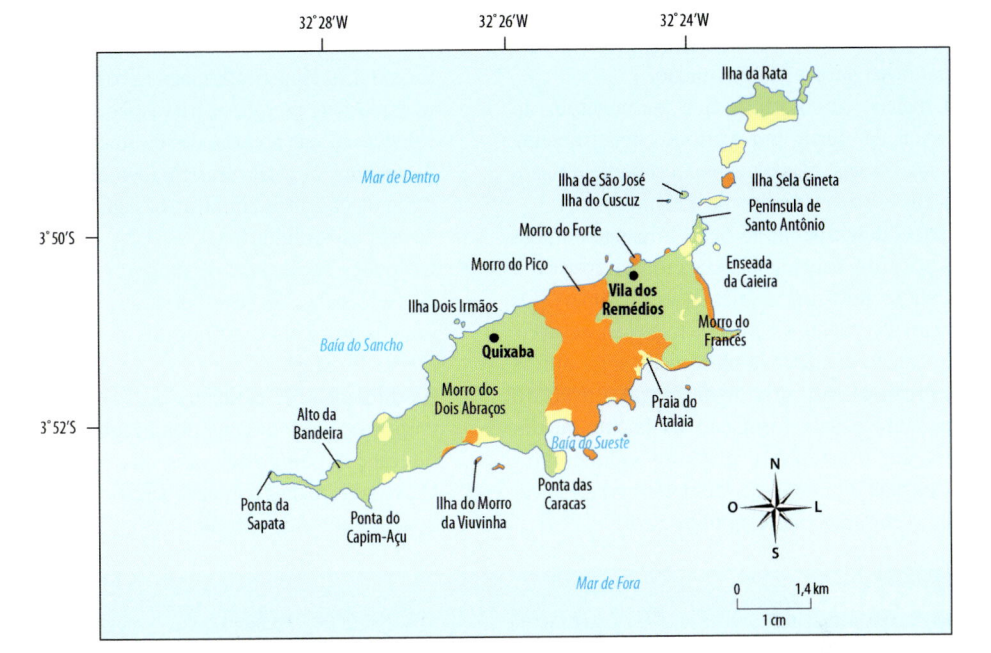

▲ **Figura 3.16** – Mapa Geológico do Arquipélago de Fernando de Noronha, adaptado de Almeida (1955). Os depósitos vulcânicos mais antigos são representados em verde (Formação Remédios), e os mais novos, em laranja (Formação Quixaba). Sedimentos e rochas sedimentares são representados em amarelo. Na Ilha de São José são encontradas rochas ultrabásicas contendo belíssimos xenólitos mantélicos. Fonte: Almeida (1955).

Ciclo das rochas

O ciclo das rochas é um conceito útil para ilustrar a dinâmica do planeta Terra, que é controlada por duas fontes de energia: a endógena (de origem interna), ligada ao calor do interior da Terra; e a exógena (de origem externa), controlada pela energia do Sol.

Por intermédio do vulcanismo, a energia endógena é transferida até a superfície por meio do magma que se solidifica e forma as rochas vulcânicas. As rochas formadas a altas temperaturas sofrem ataques químicos provocados pela água da chuva, rica em oxigênio e CO_2, e também levemente ácida da atmosfera, pela dissolução do SO_2 (dióxido de enxofre), além da ação de compostos orgânicos formados principalmente pela decomposição vegetal da matéria orgânica. Nas regiões de clima quente e úmido, as águas ácidas são enriquecidas mais ainda em CO_2 e intensificam assim a decomposição química das rochas (ver **Capítulo 4**). Assim, uma rocha dura e coesa é transformada quimicamente. Isso pode ser potencializado pela ação concomitante do intemperismo físico (ou mecânico), que, por causa das variações bruscas de temperaturas, comum em certas regiões, pode levar à fragmentação das rochas e facilitar a ação do intemperismo químico.

Os produtos do intemperismo servem de matéria-prima para originar os sedimentos que, após a diagênese, se transformam em rochas sedimentares (ver **Capítulo 5**). Quando submetidas a temperaturas e pressões mais altas, vigentes nas partes mais profundas da crosta terrestre e sob influência da tectônica de placas, as rochas ígneas e sedimentares sofrem processos de metamorfismo (ver **Capítulo 6**) e de deformação (ver **Capítulo 7**). Durante o metamorfismo, as rochas podem fundir-se parcialmente e gerar magmas, que iniciam um novo ciclo.

Na realidade geológica, esse caminho esboçado é apenas um dos muitos que pode ocorrer, por exemplo:

- As rochas sedimentares expostas na superfície podem passar por intemperismo, gerando material novo para a sedimentação.
- As rochas metamórficas que permanecem no interior da Terra por períodos relativamente longos, ou seja, não retornam à superfície, ficam sujeitas a fases sucessivas de metamorfismo.

O papel desempenhado pelas forças tectônicas na elevação ou subsidência da crosta terrestre é pouco enfatizado nos esquemas tradicionais. Os movimentos verticais da crosta são os responsáveis pela exposição das rochas plutônicas (e de outras rochas formadas no interior da Terra) à ação do intemperismo e pela formação de bacias ou depressões, que receberão os produtos sedimentares formados pela alteração de rochas situadas em regiões mais elevadas (ver **Capítulos 5** e **6**).

Revisão de conceitos

1. Em geral, as erupções de magmas básicos são pouco explosivas, porque suas lavas são muito fluidas e podem escoar por grandes distâncias.
2. A presença de estruturas em formas de almofadas e de charutos em lavas básicas é indicativa de erupção submarina.
3. Erupções explosivas de magmas intermediários e félsicos são características do vulcanismo de margens continentais destrutivas de placas litosféricas.
4. As diferenças de características eruptivas e de composições químicas dos magmas refletem diferenças composicionais das rochas-fonte.
5. O ciclo das rochas tem nas rochas vulcânicas um de seus pontos de partida.

GLOSSÁRIO

Basalto: Rocha vulcânica de composição química máfica.

Câmara magmática: Volume ocupado temporariamente por magma durante sua ascensão dentro da Terra.

Derrame de lava: Indica tanto a lava durante seu escoamento pela superfície como o produto de sua solidificação.

Dique: Corpo ígneo discordante que atravessa estruturas geológicas locais.

Efeito estufa: É um fenômeno natural de aquecimento térmico da Terra, motivado pela presença de gases na atmosfera (CO_2, N_2O, CH_4) que dificultam ou impedem a dispersão para o espaço da radiação solar que é refletida pela superfície da Terra.

Estratosfera: Segunda camada da atmosfera da Terra que vai do fim da troposfera (12 km de altura) até 50 km acima do nível do mar. Com temperaturas entre −5 °C e −70 °C e movimentos de ar no sentido horizontal, é a camada que contém ozônio, o qual funciona como um filtro natural da Terra impedindo a passagem das radiações ultravioletas do Sol, nocivas à saúde do homem.

Félsica (rocha, lava): Usada para indicar rochas ricas em feldspatos e sílica.

Fenocristal: Cristal que se destaca por ser pelo menos 10 vezes maior que os demais minerais que compõem o resto da rocha.

Intermediário (composição): Termo que indica composições entre máfica e félsica.

Komatiíto: Rocha vulcânica ultramáfica de ocorrência maior no Arqueano.

Lapilli: São produtos piroclásticos com dimensões entre 2 e 64 mm, constituídos por fragmentos de baixa densidade, sendo muito comuns fragmentos arredondados e porosos de pedra-pome (púmice).

Lava: Corresponde ao magma que extravasa na superfície da Terra. Há dois tipos principais de lavas: básicas (mais pobres em SiO_2) e ácidas. As primeiras são menos viscosas (mais pobres em SiO_2) e, portanto, fluem com mais facilidade. As últimas são mais viscosas (mais ricas em SiO_2) e fluem com mais dificuldade.

Lava "em almofada" ou "almofada": Forma-se quando a lava entra em contato com a água, resultando corpos com formas arredondada, elíptica e de pera, lembrando almofadas. Eles são circundados por uma capa de granulação mais fina, de aspecto vítreo, formada pelo resfriamento rápido do magma ao entrar em contato com a água. Fraturas em forma de leque podem se formar como resultado da contração do magma durante sua consolidação.

Limite de placas (convergentes, divergentes): Regiões de interação das placas litosféricas e onde ocorrem processos de natureza petrológica e tectônica, relacionados com a complexa formação da crosta. São reconhecidos três tipos de limites: divergentes, quando ocorre afastamento das placas; convergentes, quando ocorre sua aproximação; e conservativos, quando ocorre movimentação paralela entre as placas.

Máfico (magma, rocha): Magma relativamente pobre em sílica, com menos de 50% de sua composição, mas rico em elementos ou minerais ferromagnesianos. Uma rocha máfica possui de 52 a 45% de SiO_2.

Magma: Líquido formado pela fusão parcial de rochas existentes dentro da Terra.

Nuvens ardentes: Formam-se em erupções explosivas após a liberação do grande acúmulo de gases na chaminé vulcânica, resultando em enormes colunas verticais de material piroclástico associado com gases muito quentes que se expandem e se movem rapidamente, por gravidade, nas encostas dos edifícios vulcânicos e possuem um grande poder destruidor antes de formarem os depósitos correspondentes.

Pahoehoe **(lava "em corda")**: É uma feição retorcida encontrada em rochas vulcânicas básicas. Forma-se quando um magma muito fluido (básico) se espalha como um lençol na superfície e seu resfriamento forma uma película muito fina semiconsolidada de aspecto vítreo, enquanto o magma continua fluindo logo abaixo dessa película, podendo formar canais subterrâneos – tubos de lava – que podem atingir vários quilômetros de extensão, a exemplo do que ocorre na Islândia e nas ilhas havaianas.

Pedra-pome: Rocha vulcânica de muito baixa densidade, de cor clara, extremamente porosa, formada durante erupções vulcânicas explosivas.

Placas litosféricas: São grandes segmentos litosféricos, constituídos da crosta e de uma parte do manto superior (manto sublitosférico), que deslizam sobre uma camada mais plástica, conhecida como astenosfera.

Plutônica (rocha): Rocha formada em profundidade dentro da Terra.

Porfirítica (textura): Textura na qual ocorrem cristais (fenocristais) maiores imersos em uma matriz de granulação mais fina ou afanítica (os minerais não são visíveis a olho nu).

Pressão litostática (ou confinante): Pressão vertical exercida em um determinado ponto da crosta pelo peso das camadas sobrejacentes. Esse tipo de pressão aumenta com a profundidade e pode ser calculada conhecendo-se a densidade da rocha sobrejacente, sua profundidade e aceleração da gravidade.

Riolito: Rocha vulcânica félsica.

Rocha piroclástica: Rocha ígnea formada por fragmentos criados durante a erupção vulcânica.

Solidificação: Além da cristalização, inclui a solidificação desorganizada com formação de sólidos sem uma estrutura organizada que caracteriza os minerais.

Textura: Descreve a cristalinidade da rocha, a dimensão e a forma dos cristais e as relações e arranjos dos seus constituintes.

Tufos: Produtos piroclásticos constituídos por fragmentos (< 2 mm) cimentados em uma matriz de granulação fina.

Ultramáfico(a) (lava, magma, rocha): São rochas (lavas/magmas) ricas em silicatos ferromagnesianos, como minerais dos grupos das olivinas $(Mg, Fe)_2 SiO_4$ e dos piroxênios $(Mg, Fe, Ca)(Mg, Fe) Si_2O_3$.

Vesículas: Cavidades encontradas em rochas vulcânicas, resultantes do escape de gases durante a cristalização do magma.

Vulcânica (rocha, lava): Rocha formada na superfície da Terra.

Xenólito: Rocha estranha ao corpo magmático.

Referências bibliográficas

ALMEIDA, F.F.M. *Geologia e Petrologia do Arquipélago de Fernando de Noronha*. Rio de Janeiro, DGM/DNPM. 1955. Monografia n. 13, 181 p.

PRESS, F. et al. *Para entender a Terra*. Porto Alegre: Bookman, 2006. 656 p.

PRESS, F; SIEVER, R. *Understanding Earth*. 2. ed. New York: W. H. Freeman & Co., 1998. p. 74-85.

SIAL, A. S.; McREATH, I. *Petrologia ígnea*. Salvador: Coedição SBG/CNPq/Bureau Gráfica e Editora Ltda., 1984. Volume 1. p. 180.

SZABÓ, G. A. et al. Magma e seus produtos. In: TEIXEIRA, W. et al. (Eds.). *Decifrando a Terra*. 2. ed. São Paulo: Companhia Editora Nacional, 2009. p. 152-185.

TEIXEIRA, W. Vulcanismo: produto e importância para a vida. In: TEIXEIRA, W. et al. (Eds.). *Decifrando a Terra*. São Paulo: Oficina de Textos, 2000. p. 348-380.

CAPÍTULO 4
Intemperismo e formação dos solos
Joel B. Sigolo e André Virmond Lima Bittencourt

Principais conceitos

▶ Os minerais e as rochas, em função das condições climáticas de superfície do planeta, como chuva, mudanças bruscas de temperatura, presença de organismos e de diversos outros fatores, sofrem modificação de sua composição original e formam novos minerais (minerais primários transformados em secundários).

▶ Esse processo de modificação dos minerais primários ocorre principalmente por desintegração física das rochas e por decomposição química de seus minerais.

▶ O clima possui papel importante nesse processo e influencia, em maior ou menor escala, o efeito do intemperismo de uma rocha. O principal controle, nesse caso, relaciona-se com o volume de precipitação anual das chuvas e com a temperatura média da região.

▶ Regiões onde a água permanece no estado sólido, como em altas latitudes e/ou em altas altitudes, são locais onde predomina a desintegração física das rochas.

▶ Fraturas, juntas e outras descontinuidades nas rochas representam zonas de fragilidade que permitem a entrada de água e gases da atmosfera, além de outros compostos químicos, que reagem com os minerais das rochas e penetram até profundidades consideráveis (dezenas de metros). Assim, esses fatores facilitam e promovem modificações químicas (intemperismo químico) dos minerais que constituem as rochas.

▶ Os principais processos do intemperismo químico são hidrólise, hidratação, oxidação, ação de ácidos orgânicos e inorgânicos, bem como dissolução dos minerais.

▶ O resultado da atuação de processos intempéricos em uma rocha é a formação do manto de intemperismo e diversos outros produtos de alteração, como crostas ferruginosas, estruturas esferoidais e concreções de composições diversas, e a formação dos solos.

▲ Anfiteatro. Reserva Natural de Quebrada de las Conchas. Província de Salta, Argentina.

Introdução

Os processos de intemperismo são responsáveis pela formação dos solos na superfície da Terra. Esses processos são conhecidos coletivamente como pedogenéticos e são relativamente complexos. No entanto, são regidos basicamente pelas condições climáticas e pelo tipo de rocha a partir da qual eles são desenvolvidos. Os detalhes dos processos serão tratados neste capítulo, sendo sua síntese fundamentada, em parte, nas condições climáticas que regem o mecanismo de decomposição dos minerais e, consequentemente, das rochas. A quantidade de chuva (precipitação pluviométrica) e a temperatura média anual do local onde ocorre a alteração da rocha são os principais fatores que controlam o intemperismo (alteração da rocha).

Toda a matéria sólida componente da Terra é constituída por átomos de elementos químicos que buscam combinações para formar compostos químicos mais estáveis nas condições ambientais do local de sua ocorrência. Quando as condições do ambiente mudam, os átomos também procuram outras formas de combinações mais estáveis, de tal forma que venham a consumir menos energia nas novas condições climáticas, que é o princípio básico estabelecido no âmbito do funcionamento do ciclo das rochas na Terra.

As rochas são compostas de um ou mais minerais (ver **Capítulo 1**), compreendendo compostos químicos de origem inorgânica, resultantes de arranjos químicos estáveis de elementos nos ambientes onde elas se formaram.

Quando as rochas formadas no interior da Terra são expostas na superfície ou próximo dela, pela ação da dinâmica interna (terremotos, movimento dos continentes, epirogênese e/ou orogênese), elas são expostas às condições climáticas superficiais. No caso de um granito, por exemplo, seus minerais tornam-se instáveis sob às novas condições e são transformados por ação dos processos de intemperismo, de naturezas física, química e biológica.

Por exemplo, se uma rocha sedimentar, depositada em um ambiente subaquoso com deficiência de oxigênio, vier à superfície com uma atmosfera sob condições oxidantes, os minerais, inicialmente formados em condições não oxidantes (anóxicos), sofrem modificações químicas impostas pelas novas condições. Nesse caso, houve igualmente mudanças de ambiente químico e físico, que impuseram a necessidade de os minerais inicialmente formados nessa rocha buscarem novas formas químicas estáveis.

De modo geral, os processos intempéricos atuam nas rochas e promovem uma readaptação dos minerais que as constituem e podem ter sido formados em ambientes de mais altas temperatura e/ou pressão. Também chamado de meteorização, o intemperismo, em princípio, é o mesmo processo que leva uma peça de ferro metálico a se oxidar, ou uma parede de alvenaria a se desagregar com o tempo (**Figura 4.1**).

▲ **Figura 4.1** – Construção de alvenaria centenária com sinais da atuação de processos intempéricos, propiciando condições de crescimento de vegetação, a qual por sua vez acelera o próprio intemperismo da fachada da construção.

As esferas geoquímicas e suas interações

Os elementos componentes da porção externa da Terra encontram-se distribuídos nas rochas, ou seja, na litosfera, na hidrosfera, no ar ou na atmosfera ou ainda nos seres vivos que constituem a biosfera. Essas são as chamadas esferas geoquímicas. A interação entre essas quatro esferas resulta em uma quinta esfera, que é a pedosfera, ou seja, o solo.

Na **Figura 4.2** estão ilustradas esquematicamente as possibilidades de interação entre as quatro esferas geoquímicas nos diversos ambientes da superfície da Terra. Os campos A, B, H e L correspondem, respectivamente, à atmosfera, à biosfera, à hidrosfera e à litosfera. Neles, isoladamente, não há formação de solos. O campo B representa toda matéria orgânica existente na superfície da Terra. O campo H engloba todos os corpos de água existentes na superfície do planeta, líquido (oceanos, mares, rios, lagos, águas subterrâneas) e sólido (calotas polares e gelo de altas altitudes). Já o campo A engloba toda camada gasosa que envolve a Terra (78% de nitrogênio, 21% de oxigênio e 1% de outros gases). O campo L, a litosfera (do grego *lithos* = pedra), é a camada mais externa da Terra, constituída de minerais e rochas. Os demais campos representam os seguintes ambientes: BH – lagos com organismos aquáticos; LH – rochas fraturadas e alteradas pela água subterrânea; LA – atmosfera seca em contato com a rocha; AB – de regulação da quantidade de oxigênio e dióxido de carbono presentes na atmosfera em função do metabolismo das plantas e animais (fotossíntese e respiração) e de sua decomposição; BHL – próximo ao fundo de uma bacia oceânica ou de um lago; HLA – porção superficial de um lago; LAB – de rochas alteradas com início de formação de solos; ABH – próximo do fundo de um lago; P – de formação de solos propriamente ditos (pedosfera).

O campo P, onde as quatro esferas geoquímicas se sobrepõem, é a pedosfera, representada pelos solos propriamente ditos.

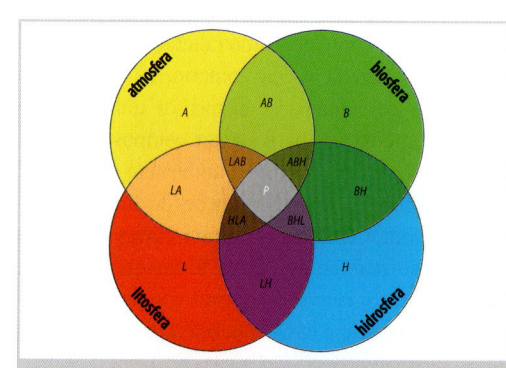

▲ **Figura 4.2 –** Representação esquemática das diversas esferas geoquímicas formadas pela interação entre atmosfera, litosfera, biosfera e hidrosfera, que resulta na pedosfera. Fonte: modificado de Emiliani (1992).

Tipos de intemperismo

Em princípio, o intemperismo se manifesta pela ação de três mecanismos básicos: físico, químico e químico-biológico. O primeiro mecanismo, fruto de forças mecânicas, é o responsável pela desagregação das rochas e o segundo, fruto da ação química, é responsável pela transformação de minerais primários em secundários, como será visto a seguir. Por outro lado, a biosfera, mediante ações químico-biológicas, e as ações humanas (antroposfera) aceleram os dois mecanismos básicos.

Físico

Em regiões áridas, por exemplo, uma rocha é exposta a tensões em função das oscilações térmicas.

Os minerais são caracterizados por diferentes coeficientes de dilatação térmica. Dessa forma, podem aumentar de volume quando as temperaturas se elevam e diminuir quando elas caem. Essas oscilações térmicas são observadas entre o dia e a noite. Essa variação, ocorrendo dia após dia, ano após ano, acaba por gerar tensões internas nos minerais constituintes das rochas, provocando, assim, sua fragmentação. Isso se deve ao fato de que cada mineral constituinte da rocha possui seu coeficiente térmico de dilatação e, a cada aumento ou diminuição de temperatura, eles sofrem dilatação e contração de forma distinta (**Figura 4.3**).

Em clima muito frio, a água acumulada em fraturas ao se congelar aumenta de volume,

▲ **Figura 4.3** – Rochas desagregadas por intemperismo mecânico, sendo sujeitas ao processo de dilatação térmica diferencial. Deserto do Saara (Erfoud, Marrocos).

produzindo esforços no sentido oposto ao da direção das fraturas, gerando novas fraturas e fissuras, cuja consequência é a ampliação da fragmentação da rocha (**Figura 4.4**). Processo semelhante é observado quando sais se cristalizam em fraturas.

As raízes de plantas, ao penetrarem em fraturas de rochas, representam outro agente gerador de tensões por efeito de cunha que fragmentam e aceleram o intemperismo físico das rochas (**Figuras 4.5** e **4.6**).

O principal efeito do intemperismo físico, que desagrega e desintegra as rochas, consiste no incremento da superfície específica de contato com os agentes superficiais, principalmente a água, que facilita o intemperismo químico. O intemperismo físico age, em maior ou menor grau, em qualquer tipo de clima. Geralmente precede ao intemperismo químico, porém seu papel torna-se mais evidente em regiões áridas (quentes) e glaciais. Nessas condições extremas, o intemperismo químico é inibido, seja pela absoluta falta de água seja por sua baixa disponibilidade na forma líquida, em face da baixa temperatura dos ambientes glaciais.

De modo geral, a ação do intemperismo físico é promover o aumento da superfície de contato de uma rocha. Isso facilitará sua degradação química, conforme será descrito mais adiante, no item "Intemperismo químico". Deve ser destacado que o processo de intemperismo físico não ocorre isoladamente. À medida que uma rocha se degrada por ação do mesmo, os efeitos da degradação promovida pelo intemperismo químico se faz presente. Por exemplo, diversas fraturas são formadas nas rochas em função de sua origem.

▲ **Figura 4.4** – Imagem de uma região glacial exibindo rochas fraturadas por congelamento da água em fissuras, exemplificadas no bloco em destaque na porção superior esquerda da fotografia. Ilha Rei George, Península Antártica.

A probabilidade de uma rocha metamórfica exibir fraturas é muito grande. Por outro lado, rochas ígneas formadas em profundidades encontram-se submetidas a elevadas pressões, as quais são reduzidas e desaparecem quando essas rochas atingem a superfície. Esse alívio de pressão produzirá diversos planos de fraturas mais ou menos horizontais, conhecidos como "fraturas de alívio" (**Figura 4.6**). Essas fraturas permitem a circulação da água superficial, favorecendo assim a decomposição dos minerais constituintes das rochas.

▲ **Figura 4.5** – Fraturas de alívio em corte da Rodovia dos Tamoios (SP). Notar a disposição sub-horizontal da fratura. Nela, inicia-se o intemperismo.

▲ **Figura 4.6** – Atividade de organismo (vegetação) que introduz sua raiz em fraturas preexistentes na rocha, promovendo sua desagregação física. Blumenau (SC).

Químico

O intemperismo químico ocorre, em maior ou menor intensidade, praticamente em quaisquer condições onde haja contato de uma rocha com a atmosfera, principalmente na presença de água. Nessas condições, os minerais constituintes das rochas são submetidos a condições de pressão e temperatura diferentes daquelas em que eles foram formados, mais a presença de água e do oxigênio livre da atmosfera. O alumínio e parte do silício, juntamente com oxigênio, sódio, potássio e cálcio, são os elementos químicos que formam os feldspatos denominados (ou alcalinos-terrosos) e alcalinos (potássicos), que estão presentes em grande parte das rochas (ver **Capítulo 1**). Esses minerais, uma vez alterados, transformam-se em minerais de argila ou argilominerais. O quartzo é um mineral muito resistente à alteração em grande parte dos ambientes superficiais, permanecendo praticamente inalterado ao lado da argila, formada pela transformação dos feldspatos. Os minerais ferromagnesianos, presentes em pequena quantidade nos granitos, alteram-se completamente, liberando o ferro que se oxida, conferindo tonalidades avermelhadas ou amareladas características de solos originados da alteração de rochas em ambientes superficiais oxidantes. A **Figura 4.7** mostra um afloramento de diabásio, onde se observa feição de esfoliação esferoidal, com o núcleo pouco intemperizado e borda bastante intemperizada. Na porção alterada, houve perda de cátions solúveis, como Ca, Mg, Na e parte da sílica, onde são preservados argilominerais que se apresentam coloridos por óxidos e hidróxidos de ferro. Na **Figura 4.8**, nefelina sienito, de forma semelhante ao basalto, exibe intemperismo acentuado na borda, enquanto o centro está praticamente sem alteração.

Figura 4.7 – Intemperismo químico em afloramento de rocha homogênea (diabásio), desenvolvido da parte externa em direção à parte interna, a qual mantém-se mais preservada da alteração. Denomina-se esfoliação esferoidal, também conhecida como alteração tipo "casca de cebola". Cerro Otto, San Carlos de Bariloche, Argentina.

Os solos são produtos geológicos do intemperismo característicos da superfície da Terra que permitem a existência de vida superior no planeta. Os processos envolvidos na sua formação tornaram possível o aproveitamento das rochas como substrato da vida e fonte de nutrientes para os organismos viventes. Sem o intemperismo, um vegetal encontraria barreiras intransponíveis para extrair as substâncias nutritivas necessárias ao seu desenvolvimento a partir de rochas inalteradas.

O processo de intemperismo envolve elementos químicos que são dissolvidos e transportados pelas águas, como íons e outros compostos solúveis.

O oxigênio presente no ar pode intemperizar uma rocha ao se combinar com compostos de ferro, acentuando-se a capacidade desse processo na presença de água e de outras substâncias químicas presentes na atmosfera. O oxigênio, a água, o gás carbônico, os ácidos orgânicos e inorgânicos e o calor são os principais agentes do intemperismo, e cada um deles atua nas rochas separada ou conjuntamente, podendo predominar ora um (água em ambientes equatoriais e tropicais) ora outro (ácidos orgânicos em ambientes com densas florestas). Esses agentes possuem características próprias de atuação, que se encontram explicadas na **Tabela 4.1**.

Figura 4.8 – Bloco decimétrico de nefelina sienito exibindo núcleo praticamente intacto (parte inferior da imagem) e a borda alterada pelo intemperismo, de modo semelhante ao diabásio da **Figura 4.7**. Maciço alcalino de Passa Quatro, localizado na divisa de SP-MG-RJ.

Em boa parte das cidades populosas, a atmosfera apresenta diversos elementos químicos em suspensão, tornando-a densa. Ela contém gases, como dióxido de enxofre, gás carbônico, entre outros, que, em contato com a água da própria atmosfera, acabam por se combinar e formam ácidos, como o sulfúrico, no caso do enxofre, e o carbônico, no caso do gás carbônico. Esses ácidos acabam reagindo com os materiais constituintes das edificações civis, monumentos expostos ao ar livre e, a partir desse processo, passam a sofrer degradação química. De modo geral, o principal resultado desse processo é a formação de sulfatos como a gipsita, que é facilmente notado em monumentos centenários ou milenares, situados nas proximidades de regiões industriais, ou de centros urbanos de elevada densidade populacional. Diversas obras de arte em Roma, por exemplo, esculpidas em rochas calcárias, foram e estão sendo seriamente degradadas pelo intemperismo em apenas algumas dezenas de anos. No Brasil, na cidade de Congonhas do Campo (MG), muitas das obras do maior artista do barroco mineiro, Antônio Francisco Lisboa, conhecido como Aleijadinho, estão sendo degradadas pela ação desse tipo de intemperismo (**Figura 4.9**).

Uma característica inerente ao intemperismo é sua tendência, na maior parte dos casos, de enfraquecer as rochas que acabam por se desfazer pela ação das águas e pelo vento e, somadas à ação da gravidade, sofrem consequentemente transporte e sedimentação em depressões no interior dos continentes ou nos oceanos.

O produto final da alteração das rochas duras, como o granito, é chamado de regolito (conhecido de forma mais comum como alterita; denominação empregada para produtos de intemperismo de qualquer tipo de rocha). Trata-se de material rochoso friável, composto por argilas, grãos de quartzo, óxidos e hidróxidos de ferro e outras substâncias em menor quantidade, distribuídos no volume de material, que passa a constituir o solo propriamente dito. A alterita, em sua porção superior, sofre ação mais intensa da biosfera, especialmente dos microrganismos.

Apesar de a alteração das rochas na superfície da Terra ocorrer mesmo em ambientes extremamente secos, como desertos, a água é o principal agente intempérico. Ela torna viável a formação de enormes volumes de sedimentos que vão preencher as bacias sedimentares. Isso ilustra a importância do intemperismo, que se inicia desde a formação dos solos, segue na formação dos sedimentos e, por fim, na formação de grande parte das rochas sedimentares.

▲ **Figura 4.9** – Monumento degradado por intenso intemperismo, potencializado pelas condições do centro urbano com elevada densidade demográfica e industrial. Obra de Antônio Francisco Lisboa, mais conhecido como "Aleijadinho", considerado o mais importante artista do barroco mineiro. Congonhas do Campo (MG).

Tabela 4.1 – Os agentes do intemperismo	
Elementos	**Dinâmica**
Água	1. Promove a dissolução, transporte e decomposição de minerais constituintes da rocha.
	2. Determina a dissolução dos agregados sólidos, fragmentos de rochas ou minerais, líquidos e gasosos dos outros agentes (O_2, CO_2, ácidos húmicos, ácidos orgânicos etc.).
	3. Decompõe os minerais primários das rochas por hidrólise ou por hidratação.
	4. Controla o ambiente físico-químico de transformação da rocha no manto de intemperismo por mudança do pH e Eh.
Oxigênio	1. Provoca a oxidação dos minerais primários (Eh):
	a. Proveniente da atmosfera;
	b. Oriundo de águas superficiais e subterrâneas;

Oxigênio	c. Ou ainda originário da decomposição de minerais primários.
Dióxido de carbono	1. Participa da formação de compostos carbonáticos. 2. Pode provocar variação de pH por dissolução na água e formar o ácido carbônico.
Ácidos orgânicos e inorgânicos	1. Aceleram a decomposição e desagregação dos minerais primários.
Organismos	1. Regeneram o oxigênio e o dióxido de carbono. 2. Mantêm as condições ácidas durante a decomposição da rocha sã. 3. Funcionam como concentradores de vários elementos (Fe, Mn, V, Al, Cu, Zn, Co, Be, Li). 4. Exercem papel diretamente na desagregação de silicatos, organismos como algas, bactérias, fungos, musgos e líquens.
Temperatura	1. Mantém os ambientes em condições ideais (intemperismo químico) para promover a degradação dos minerais primários.

Reações químicas

As transformações minerais das rochas durante o intemperismo processam-se por intermédio de reações químicas. Como grande parte das reações envolvendo silicatos é muito lenta e a maioria deles é de composição complexa, sua reprodução em laboratório é difícil. Apesar disso, as principais reações ligadas aos processos intempéricos são bem conhecidas. Entre as reações fundamentais, destacam-se: hidratação, desidratação, oxidação, alteração de carbonatos, hidrólise e acidólise.

Os minerais, ao se hidratarem, incorporam moléculas de água e formam outros minerais, geralmente com um volume maior. Uma típica reação de hidratação é a transformação de anidrita, que é um sulfato de cálcio anidro, em sulfato de cálcio hidratado, conhecido como gipsita. Essa reação é exatamente a mesma que ocorre por adição de água ao gesso desidratado em pó. O gesso anidro corresponde à anidrita, enquanto o gesso cristalizado, após a mistura com a água, corresponde à gipsita conforme a reação:

$$CaSO_4 + 2H_2O \rightarrow CaSO_4 \cdot 2H_2O$$
$$\text{anidrita} \qquad\qquad\qquad \text{gipsita}$$

A transformação de um hidróxido férrico amorfo ou ferridrita ou ainda de hematita em goethita são exemplos de reação de desidratação.

$$Fe(OH)_3 \rightarrow FeOOH + H_2O$$
$$\text{hidróxido férrico} \quad \text{goethita}$$

Uma reação de transformação de uma faialita (olivina ferrífera), constituinte abundante de muitas rochas ultramáficas, é uma reação de oxidação em que o ferro bivalente passa a trivalente e pode ser representada por:

$$Fe_2SiO_4 + 2H_2O + 1/2O_2 \rightleftarrows Fe_2O_3 + H_4SiO_4$$
$$\text{faialita} \qquad\qquad\qquad\qquad \text{hematita} \quad \text{ácido silícico}$$

A reação de alteração de carbonatos é a grande responsável pela dissolução de calcários e mármores, esculpindo a paisagem de muitas regiões e formando cavernas e importantes reservatórios de água subterrânea. O processo químico natural mais atuante, nesses casos, é o ataque dos calcários por soluções ácidas, cujas águas pluviais carregadas de CO_2 dissolvido acabam formando o ácido carbônico. Quando essas águas percolam solos com muita matéria orgânica, mais gás carbônico é incorporado pela água que passa a dissolver a rocha, conforme as seguintes reações:

$$H_2O + CO_2 \rightleftarrows H_2CO_3$$
$$\text{gás carbônico} \quad \text{ácido carbônico}$$

$$H_2CO_3 + CaCO_3 \rightleftarrows Ca^{2+} + 2HCO_3^-$$
$$\qquad\qquad \text{calcita} \quad \text{íon cálcio} \quad \text{íon bicarbonato}$$

Essas reações são reversíveis e muito sensíveis às mudanças de temperatura e de pH e, desse modo, as soluções circulantes dessas rochas calcárias passam de corrosivas para incrustantes, com mudanças físico-químicas nesses parâmetros. Além da perda de CO_2, por fuga para a atmosfera, a qual é acelerada por aumento da temperatura, ocorre a precipitação do carbonato de cálcio.

Conforme visto anteriormente, os feldspatos são os minerais mais abundantes na crosta terrestre e sua intemperização ocorre principalmente por reações de hidrólise. Como esses minerais são silicatos aluminosos (ou aluminossilicatos), durante a reação de hidrólise ocorre dissolução de apenas parte da sílica, sob a forma de ácido silícico, enquanto parte importante dela fica retida com o alumínio no material intemperizado, formada por argilominerais, que são essencialmente aluminossilicatos hidratados. Outros silicatos não aluminosos também se hidrolisam, porém não formam argilominerais. Um exemplo dessa reação é a hidrólise de um feldspato sódico, a albita, que conduz à formação da caulinita, conforme expresso a seguir:

$$2NaAlSi_3O_8 + 2H_2CO_3 + 9H_2O \rightarrow$$
albita
$$\rightarrow Al_2Si_2O_5(OH)_4 + 2Na^+ + 2HCO_3^- + 4H_4SiO_4$$
caulinita — ácido silícico

As reações de hidrólise são talvez as reações mais importantes de intemperismo em ambientes tropicais, subtropicais e equatoriais. Pois, além de produzirem argilominerais, são responsáveis pela retenção de nutrientes nos solos, reduzem a acidez das soluções e inibem a solubilização do alumínio, que é tóxico para a maioria dos vegetais. Essa reação pode agir com diferentes intensidades, formando desde a gibbsita (hidróxido de alumínio), quando ocorre a hidrólise total, até argilominerais do tipo esmectita, quando a hidrólise não é total.

Quando as condições ambientais propiciam uma acidez elevada, ou seja, pH com valores numéricos baixos, ocorre a reação de acidólise, que é responsável pela destruição de argilominerais. Esse processo ocorre normalmente em ambientes de climas frios, quando o acúmulo de matéria orgânica nos solos produz CO_2 e favorece a formação de ácidos húmicos e fúlvicos que mantêm tanto o ferro como o alumínio em solução. Nessas condições, formam-se solos muito ricos em quartzo, forma mais estável da sílica em ambiente ácido, tal como o representado pela reação a seguir:

$$Al_2Si_2O_5(OH)_4 + 6H^+ \rightarrow 2Al^{3+} + 2H_4SiO_4 + H_2O$$
caulinita — ácido silícico

Formação dos solos

O termo "solo" é muitas vezes empregado com diferentes significados, conforme a área profissional que o estuda ou define. Para a engenharia civil, prevalece a conotação geotécnica, quando todo o manto de intemperismo, desde a rocha pouco intemperizada até a superfície do terreno, mesmo que recoberta por sedimentos, é designado apenas como solo. Esse representa a porção mais frágil e/ou menos resistente "mais mole" em termos mecânicos, que pode influir, por exemplo, no tipo de fundação de uma obra de engenharia civil, nas taxas de infiltração de águas pluviais e, portanto, nos cuidados especiais para se evitar deslizamentos ou liquefações do solo (solifluxão) e outras movimentações de terreno.

Para as ciências agrárias, o solo refere-se ao material da porção superior do regolito, diretamente afetado pela biosfera (**Figura 4.10**), onde se desenvolve a agricultura. De forma geral, o solo é a porção do regolito que está em contato mais direto com a atmosfera e constitui sede de intensa atividade microbiana, em que se desenvolvem as plantas terrestres. O estudo dessa parte superior agricultável do solo é também denominado pedologia, palavra derivada do termo grego *pedon*, que está ligado ao conceito de solo (pedosfera).

A conotação geológica de solo é semelhante; porém, enquanto os geólogos estudam principalmente os processos e os produtos gerados durante a transformação da rocha primária em regolito, os agrônomos estudam os aspectos morfológicos composicionais e nutricionais relacionados ao retrabalhamento *in situ* do manto de intemperismo pela ação microbiana e outros processos. As ciências agronômicas enfatizam as características dos solos diretamente ligadas à sua fertilidade.

Os solos são basicamente produtos da redistribuição de elementos químicos das rochas intemperizadas, acompanhados pela ação da água e de outros produtos gerados pela biosfera e pela atmosfera. Desse modo, as variações nas composições das rochas, na quantidade e tipos de fluxo da água dados pelo tipo do clima, pela topografia e pelo tempo, conduzem à formação de diferentes tipos de solo (**Figura 4.11**).

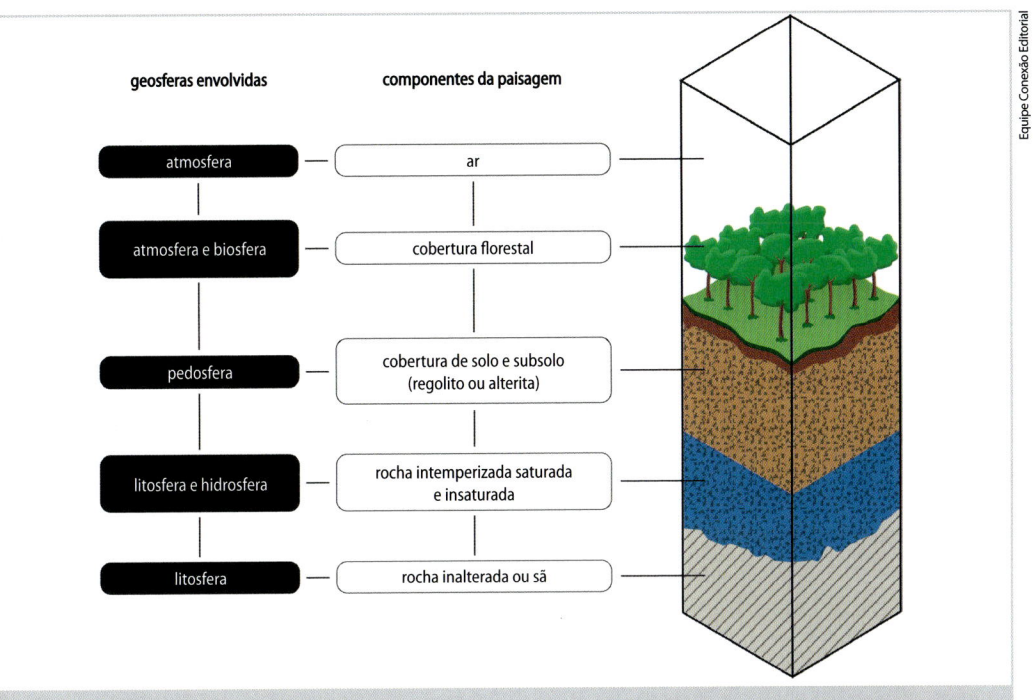

▲ **Figura 4.10** – Esquema de uma paisagem mostrando as relações entre as geosferas e componentes da paisagem em um ecossistema florestal. Fonte: modificado de Hamblin e Christensen (1998).

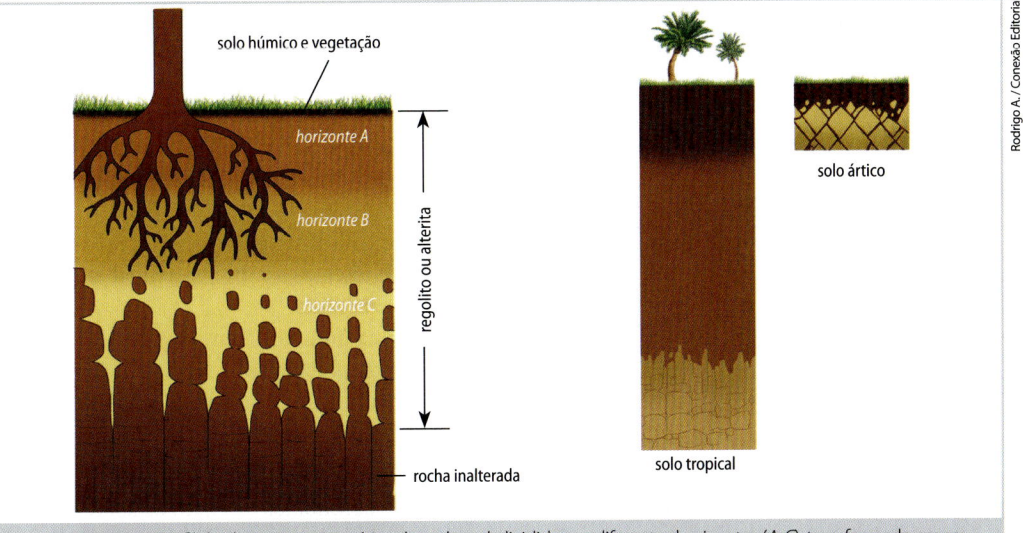

▲ **Figura 4.11** – Perfil de alteração intempérica de rocha subdividido em diferentes horizontes (A-C), transformado em solos, com diferentes graus de pedogênese, até chegar ao horizonte da rocha sã ou rocha pouco intemperizada. Fonte: modificado de Wicander e Monroe (2006).

Uma propriedade muito característica dos diferentes tipos de solo é sua cor. As principais cores naturais dos solos refletem a presença ou ausência neles de compostos de ferro e da matéria orgânica. Solos formados em condições de pouco oxigênio, redutores, portanto, têm tonalidades que tendem ao azul, cinza ou verde, cores relacionadas ao íon ferroso (ferro na forma reduzida). Por outro lado, os solos de ambientes aerados apresentam cores devidas a compostos de ferro férrico (ferro na forma oxidada). Cores tendendo ao amarelo e ocre são geralmente provindas da presença de cristais microscópicos de goethita, contidos no solo, enquanto cores avermelhadas são na maioria dos casos produzidas pela hematita.

Cores acastanhadas, escuras e mesmo negras, testemunham a presença de solos continentais com muita matéria orgânica. Por outro lado, a formação de argilominerais, bastante abundantes em solos, como a argila caulínica, atribui-lhes matizes claros ou esbranquiçados.

O papel da biosfera

Os organismos não são apenas beneficiários da presença dos solos, porém são também grandes responsáveis pela sua formação. Nos vegetais superiores, sua ação é bem maior do que a simples fragmentação das rochas por suas raízes. As folhas, ao caírem, sofrem decomposição pela ação de microrganismos dos solos e liberam gás carbônico, bem como ácidos orgânicos que desempenham importante papel na alteração das rochas.

▲ **Figura 4.12** – Líquens desenvolvidos sobre uma rocha andesítica. Valle Nevado, Chile.

Quando uma rocha é exposta diretamente à atmosfera, os líquens são os primeiros organismos a se instalarem na sua superfície e capturam elementos químicos liberados dos minerais e secretam ácidos orgânicos, principalmente ácido oxálico, que facilitam ainda mais sua ação no intemperismo (**Figura 4.12**).

O intemperismo químico e o acúmulo de carbono nos solos por ação dos organismos são fundamentais na manutenção de equilíbrio do CO_2 na atmosfera e, portanto, contribuem para atenuar o efeito estufa, que tanto preocupa a humanidade. O intemperismo transforma o CO_2 em íon bicarbonato e carbonato, que permanecem em solução ou são precipitados com o Ca e Mg, presentes nas águas e originários das rochas e, assim, são sequestrados da atmosfera. O carbono fixado no solo em tecidos orgânicos não decompostos se constitui em um dos principais responsáveis pela manutenção de níveis relativamente baixos de CO_2 na atmosfera. Esse estoque de carbono fixado no solo depende, todavia, de uma baixa atividade da fauna microbiana, que é garantida em ambientes de temperatura baixa. Na medida em que ocorrem grandes emissões de gás carbônico pela atividade humana, poderá haver um aumento da temperatura do globo. Porém, infelizmente, não há evidências seguras de que o aquecimento global do século XX provenha somente da ação humana. Ao permanecer com temperaturas mais elevadas, por mais tempo, os solos serão palco de incremento na atividade microbiana, que conduzirá a liberação maciça do seu estoque de carbono para a atmosfera como CO_2. O efeito estufa sofrerá, portanto, um incremento ainda maior.

O papel do clima

O clima provavelmente é o maior agente condicionante das características dos solos. Enquanto em climas desérticos e glaciais a formação de solos é praticamente nula, em climas tropicais úmidos e equatoriais há intensa formação de solos sobre um manto de intemperismo, que pode atingir mais de 15 m de espessura.

O clima atua no intemperismo mediante dois parâmetros fundamentais: a chuva e a temperatura. Em climas quentes e úmidos, o intemperismo químico é intenso, com produção de solos espessos, compostos principalmente por argilas e óxidos e hidróxidos de ferro e/ou alumínio. Nessas condições, onde não são raros perfis de solos com mais de 10 m de espessura, a pedogênese propriamente dita ocorre apenas nos níveis superiores. A ação intensa dos microrganismos do solo degrada muito rapidamente a matéria orgânica, que se torna escassa e desaparece completamente.

Em climas úmidos e frios, o intemperismo químico é lento e os solos são pouco espessos. A poucos centímetros da superfície pode ocorrer rocha sã. Embora a pedogênese se manifeste em toda a espessura do perfil, ainda podem ser encontrados minerais muito suscetíveis à alteração ou ainda não alterados, como é o caso dos feldspatos. As baixas temperaturas promovem concentração de matéria orgânica no solo, em função da atividade mais atenuada dos microrganismos.

Em climas áridos, o intemperismo químico também é incipiente pela ausência ou escassez de água, enquanto em climas glaciais não ocorre intemperismo significativo pela ausência de água disponível na forma líquida.

Solos espessos, avermelhados e com pouca matéria orgânica são característicos de regiões tropicais, atingindo espessuras de dezenas de metros, pois a alteração das rochas é mais intensa e veloz. Sua coloração, nesse caso, tende a matizes avermelhados ou amarelados pela presença de hidróxidos de ferro férrico (Fe^{3+}), frequentemente com pouca matéria orgânica. Essa é rapidamente consumida pelos organismos do solo, que reduzem-na a CO_2, incorporado pelas águas do mesmo como H_2CO_3 e HCO_3^-, ou exalado para a atmosfera.

Nas encostas e partes elevadas da paisagem, as águas da chuva, que se infiltram no manto de intemperismo, carregam para níveis inferiores íons e compostos químicos em solução, além de coloides orgânicos e argila coloidal. Esse processo, denominado iluviação, confere ao material superficial uma estrutura composta por níveis comumente decimétricos ou centimétricos e aproximadamente paralelos, cada um deles com características peculiares, que são chamados horizontes de solo (**Figura 4.13**).

O nível mais superficial é denominado de horizonte A, que tem contato direto com a atmosfera, onde se desenvolve o sistema radicular da vegetação e se concentra a matéria orgânica. É rico em microrganismos que consomem a matéria orgânica morta, com produção pela respiração de gás carbônico (CO_2), que, dissolvido na água, forma o ácido carbônico (H_2CO_3), além de outros ácidos orgânicos. Essas soluções mais ácidas favorecem a dissolução da matéria mineral e promovem o fluxo de íons e compostos solúveis rumo ao nível do lençol freático. É, portanto, um horizonte normalmente mais poroso e friável, em função dos processos de perda de matéria mineral.

O nível inferior é o horizonte B, que se caracteriza pela concentração de matéria transportada do nível superior (horizonte A). É um horizonte mais compacto, principalmente pelo acúmulo de argila transportada por iluviação do nível superior ou mesmo ali formada pela combinação de elementos químicos das soluções percolantes. Nesse horizonte também se cristalizam minerais oxidados de ferro, manganês e outros elementos.

▲ **Figura 4.13** – Perfil de solo indicando os horizontes A, B, C e D. Na parte inferior do corte são preservadas ainda as estruturas originais da rocha sã. Rodovia dos Tamoios (SP).

Abaixo do horizonte B, situa-se o horizonte C, que é menos compacto e ainda não foi submetido à intensa movimentação de coloides e sob ação direta de microrganismos. Nesse horizonte, o fluxo principal é de elementos mais solúveis, como Na, K, Ca e Mg, além da sílica dissolvida sob a forma de ácido silícico e, finalmente por diversos ânions simples, como o cloreto, e complexos, como o bicarbonato.

No horizonte C, que ocorre abaixo do horizonte B, são frequentes vestígios de estruturas da rocha original, como contornos de minerais primários, já muito alterados, indicando porém sua presença anterior.

O nível mais inferior, indicado como horizonte D, corresponde na realidade a porção da rocha não submetida ainda aos processos intempéricos. Nesse caso, a percolação da água ocorre apenas nos planos de fraturas ou falhas existentes na rocha (**Figura 4.13**).

A mobilização vertical de matéria em solução e como coloides é o principal processo de formação dos solos. A disponibilidade de água, as características de seu fluxo em subsuperfície e a velocidade de alteração das rochas dependem do clima e da posição topográfica de desenvolvimento do perfil de solo. Isso explica a grande variedade de tipos solos.

Em regiões de clima chuvoso, predomina o fluxo de água descendente, que vai alimentar o nível do lençol freático. Já em regiões de clima seco (árido, semiárido e desérticos), o fluxo de água é ascendente, ou seja, se dá no sentido oposto, com o fluxo de água sendo carregado de solutos que, por capilaridade, sobe do freático rumo à superfície. Nessa condição, formam-se solos com acúmulo de compostos que se cristalizam próximo à superfície ou no seu interior, por evaporação da água que os mantinha em solução.

Em baixadas e várzeas, por exemplo, o nível do freático está praticamente na superfície e não há condições para um fluxo vertical significativo. Nesses casos, formam-se os solos escuros pela presença de matéria orgânica ou também esverdeados e azulados ou acinzentados nos níveis inferiores. Essas cores demonstram a presença de ferro em sua forma ferrosa (Fe^{2+}), em função do ambiente redutor e anóxico, ou seja, pobre em oxigênio. Essa condição redutora é garantida pela saturação em água e pela preservação de matéria orgânica que se encarrega de consumir o oxigênio livre, resultando assim na formação de solos hidromórficos. Quando esses solos são preservados ou formados sob condições de oxidação, o ferro passa de ferro ferroso (Fe^{2+}) para ferro férrico (Fe^{3+}) e, nessas condições, o solo adquire cor vermelha e podem ser formadas crostas ferruginosas na superfície do terreno (**Figuras 4.14** e **4.15**).

▲ **Figura 4.14** – Superfície de horizonte A de solo do tipo hidromórfico a partir de rochas portadoras de ferro férrico, indicado pela presença de coloração vermelha na parte superior do afloramento e localmente na parte inferior em estruturas que permitiram a percolação e precipitação de hidróxidos de ferro. Arenitos da Formação Itaqueri, Serra do Itaqueri, Ipeúna (SP).

Figura 4.15 – Crosta ferruginosa desenvolvida a partir da desagregação de rocha portadora de ferro concentrado na forma de hidróxidos de ferro por ação do intemperismo químico. Serra do Itaqueri – Ipeúna (SP).

O papel da água

A água é o principal agente de intemperismo. Ela atua na dissolução dos minerais das rochas e é um veículo de transporte do material liberado pela alteração das mesmas. Quando a água entra em contato com os minerais mais suscetíveis à dissolução, os componentes dissolvidos tendem a se concentrar nas proximidades do mineral original, que podem saturar ao seu redor e interromper a continuidade do processo de intemperismo. Por outro lado, se há fluxo de água dado pela porosidade e permeabilidade do meio, os elementos liberados pelo intemperismo são carreados para longe e o ambiente nas vizinhanças do mineral volta a ficar insaturado, o que facilita o progresso do intemperismo. Além disso, podem ocorrer diferentes processos de alteração que conduzem a um intemperismo diferencial. Em primeira instância, as arestas dos blocos de rocha são intemperizados e passam gradativamente a perder sua angulosidade, tornando-se arredondados. Muitos desses blocos arredondados podem ser encontrados na superfície do terreno, com os melhores exemplos sendo observados em maciços graníticos, onde se destacam verdadeiros "campos" de matações de rochas graníticas (**Figura 4.16**).

De modo geral, a água como agente do intemperismo representa o fator que promove maior ou menor degradação das rochas na superfície do planeta. Como a abundância ou a escassez de água depende principalmente do clima, esse é o principal fator que determina o maior ou menor grau de alteração das rochas. A declividade do terreno é outro fator importante. Quanto maior for sua declividade, maior será o escoamento superficial da água. Relevos mais acidentados favorecem a infiltração da água nas rochas, no substrato rochoso e no solo. Essas condições de relevo favorecem o escoamento da água da chuva mas dificultam sua infiltração. Os solos resultantes são menos espessos. Em climas equatorial, subtropical e tropical, o volume de chuvas mais intenso favorece um intemperismo rápido das rochas. Já em regiões de clima árido e temperado, as rochas são menos intemperizadas. Já em relevos pouco acidentados e planos, como várzeas, o escoamento superficial é pequeno, favorecendo a infiltração da água. Nesses locais há uma maior concentração de compostos dissolvidos e transportados pela água, o que promove a retração do processo de intemperismo. Além disso, a variedade de rochas e a fragilidade de seus minerais favorecem a degradação e a formação de produtos diferentes. Por exemplo, a ação do intemperismo será mais efetiva em rochas com presença de minerais mais sensíveis à alteração, ocorrendo o contrário naquelas com minerais menos sensíveis à alteração. Quando isso ocorre em um mesmo local, o processo denomina-se "erosão diferencial", como o ilustrado na **Figura 4.16**.

▲ **Figura 4.16** – Erosão diferencial a partir de camadas inclinadas areno-argilosas (canto superior esquerdo, parcialmente coberto por vegetação, correspondente à parte inferior das camadas) e arenosas (canto superior direito, sem cobertura vegetal correspondendo à parte superior das camadas). Estrada Cafayate-Salta, Argentina.

▲ **Figura 4.17** – Campo de matacões de rocha alcalina. Pedra Balão, Poços de Caldas (MG).

Vários tipos de rochas podem exibir essa forma de feição no relevo. Um bom exemplo disso é a Pedra Balão, na região de Poços de Caldas (MG), formada por rochas de composição alcalina (ver **Capítulo 2**) (**Figura 4.17**).

Influência do tempo

De modo geral, a formação dos solos sugere processos geológicos bastante modernos, porém essa afirmação não é inteiramente verdadeira. Desde que rochas se consolidaram na superfície da Terra, constituindo os primeiros núcleos de continentes, e surgiram neles os primeiros seres vivos. Esse "núcleos" passaram a ser influenciados pela interação da atmosfera, hidrosfera e biosfera, criando, nesse momento, condições para formação de solos.

A formação dos solos depende de condições ambientais existentes apenas na superfície terrestre. Esses solos são, em sua maior parte, estáveis apenas sob condições de baixas pressões e temperaturas e ambientes químicos com abundância de oxigênio livre. Qualquer processo geológico que envolva o soterramento de um solo, sob condições de temperatura e pressão mais elevadas do que as da superfície do planeta, promoverá a sua transformação (química e física), que será cada vez mais intensa à medida que se acentua o soterramento, podendo mesmo essas condições serem suficientemente enérgicas para promover transformações mineralógicas no estado sólido, com o aparecimento de novos minerais, marcando assim a entrada no campo do metamorfismo (ver **Capítulo 6**). Nessas condições, as feições primárias dos solos são modificadas, parcial ou totalmente, podendo mesmo ser obliteradas completamente com o aumento do metamorfismo.

O tempo é um dos fatores fundamentais do intemperismo e da pedogênese. Em geologia ambiental, costuma-se dividir o tempo em geológico, pedológico, ecológico e tecnológico.

Essa classificação engloba uma visão genérica do tempo, lembrando, por exemplo, que alguns processos geológicos como terremotos e deslizamentos (solo e rocha) são extremamente rápidos e ocorrem na escala de minutos a segundos. Nesse caso, são fenômenos que ocorrem na escala do tempo tecnológico. Os solos formados a partir do material que sofreu deslizamento é um solo gerado na escala de um tempo ecológico.

De modo geral, os solos jovens são pouco espessos e a pedogênese estende-se desde a superfície até a rocha em subsuperfície. Nesse caso, a composição mineral desses solos revela a presença de minerais frágeis ao longo de todo o perfil de alteração. As estruturas principais da rocha, como fraturas, falhas etc., permanecem visíveis no material intemperizado. Um mapa geológico de uma área de solos jovens apresenta uma forte semelhança com o mapa de solos dessa mesma área, pois os solos preservam ainda muitas das características das rochas que lhe deram origem.

Por outro lado, solos mais antigos, também conhecidos como paleosolos, exibem em geral maiores espessuras (perfil do solo) e mostram características determinadas principalmente pelo clima que predominou na região. As feições estruturais e mineralógicas da rocha tendem a ser mascaradas e destruídas pela pedogênese. O mapa de solos obtido em uma área como essa, ao contrário de uma área com solos jovens, perde sua correlação com o mapa geológico.

Velocidade do intemperismo

A velocidade como se desenvolve o intemperismo a partir de uma rocha pode variar de forma ampla. Se consideramos um solo jovem *versus* um solo maduro ou antigo (paleosolo), verifica-se com certa facilidade que diversos fatores influenciam na velocidade da sua formação e da sua pedogênese. Diferentes tipos de rochas e de condições de relevo podem, em uma mesma região com um mesmo clima e em determinado intervalo de tempo, exibir solos mais ou menos espessos, resultantes principalmente do grau de fragilidade da rocha, que, por sua vez, refletem em maior ou menor grau a proporção de minerais mais sensíveis à ação do intemperismo.

Uma vez que se conheça a composição química e mineralógica primária da rocha original, é possível avaliar a velocidade aproximada do intemperismo. É necessário também conhecer o volume de água e o clima envolvido no processo em um determinado intervalo de tempo. Como resultado, pode-se, por exemplo, dizer que determinado perfil de solo evoluiu a uma velocidade de 1 cm/1000 anos.

Determinações recentes feitas no noroeste do Paraná mostram a formação de cerca de 20 m^3 de basalto alterado por ano para cada quilômetro quadrado. Esse valor corresponde a cerca de 0,02 mm/ano para o aprofundamento atual do manto de intemperismo naquela região. Assim, em um intervalo de tempo de 500 mil anos, sob um clima semelhante ao atual, ocorrerá a formação de uma camada de aproximadamente 10 m de espessura de solo.

Alteração dos minerais

Os minerais sofrem intemperismo com maior ou menor facilidade, dependendo das condições de temperatura e pressão em que eles foram cristalizados (no caso de mineral primário). Desse modo, aqueles minerais presentes em rochas magmáticas e cristalizados nas fases iniciais, sob temperaturas e pressões mais elevadas que as existentes na superfície terrestre, tenderão a se alterar mais facilmente do que os cristalizados nas fases finais, formados em temperaturas e pressões mais baixas. Assim, minerais como olivinas e piroxênios, formados em altas temperaturas, são intemperizados mais facilmente do que minerais como micas e quartzo, formados em baixas temperaturas.

Outro fator determinante na susceptibilidade de uma rocha à alteração intempérica é seu grau de cristalinidade. Assim, a granulação mais fina de uma rocha favorece o intemperismo pela presença de maior superfície específica dos grãos minerais, enquanto uma granulação mais grossa dificulta o processo, pois ela reduz a superfície específica da mesma. Dessa maneira, uma rocha vulcânica, finamente cristalizada, como o basalto, será muito mais suscetível a alteração do que seu equivalente plutônico, que é o gabro. Esse maior grau de alterabilidade das rochas vulcânicas, aliada a sua composição química, propicia a formação de solos férteis em regiões próximas a vulcões ou onde existam derrames de lavas.

O grau de fraturamento das rochas é também outro fator importante no controle de alteração das mesmas. Quanto mais fraturada for a rocha, maior será sua porosidade e também a sua superfície específica disponível ao ataque intempérico. Desse modo, as zonas mais fraturadas de uma massa rochosa são aquelas que apresentarão um manto de intemperismo mais desenvolvido.

Produtos do intemperismo

A importância do intemperismo e da pedogênese não se restringe apenas à formação dos solos, que são materiais essenciais no desenvolvimento da vegetação e das demais formas de vida na superfície da Terra. Vários recursos minerais explorados economicamente pelo homem têm origem direta em processos intempéricos. Como exemplos podem ser citadas jazidas de argila utilizada na cerâmica, a bauxita como fonte de alumínio, jazidas lateríticas de manganês, níquel, ferro etc. Muitos desses recursos minerais são compostos por minerais neoformados durante o intemperismo, enquanto outras jazidas foram constituídas por acúmulo mecânico de minerais resistentes ao mesmo. Como exemplos de concentração de materiais resistentes ao intemperismo, que se acumularam após o transporte mecânico, têm-se os minerais encontrados em jazidas de placer (ouro, diamante, pedras semipreciosas, cassiterita, areias monazíticas e ilmeníticas etc.).

Um aspecto importante no processo intempérico é a perda de elementos dissolvidos pela água. O processo de dissolução ou lixiviação das rochas é também responsável pela concentração residual de minerais menos solúveis. Esse material menos solúvel pode conter mineral primário da rocha matriz não solubilizado durante o intemperismo e também mineral secundário formado durante a alteração da rocha original.

Composição química dos solos

Como já foi mencionado, os solos são formados basicamente por matéria insolúvel diante da ação do intemperismo e também pela incorporação de elementos capturados da atmosfera. O material solúvel é, em sua maior parte, transportado em solução pelas águas pluviais e subterrâneas. No entanto, pequena porção dela fica adsorvida por meio de forças eletrostáticas existentes na superfície das partículas coloidais, minerais ou orgânicas, as quais servirão como nutrientes para o desenvolvimento das plantas.

Os solos são formados por minerais compostos por um pequeno grupo de elementos químicos: O, Si, Al, Fe, Ca e H. Inclui-se, ainda, C, N e P, que são os principais elementos formadores da matéria orgânica do solo. Os solos jovens podem conter alguns minerais micáceos ainda não completamente hidrolisados com teores apreciáveis de K, Fe e Mg. Em climas secos ou nas proximidades das zonas costeiras, os solos contêm elementos muito solúveis e móveis, como K, Na, Ca e Mg. Os demais elementos químicos, quando presentes, raramente são determinantes no tipo de solo.

Impactos ambientais

Os processos intempéricos, quando não devidamente considerados, podem promover danos irremediáveis ao ser humano e aos ecossistemas naturais. Um exemplo disso é a explotação de minérios contendo sulfetos, como a pirita, que pode ser abundante em rochas formadas em ambientes subaquáticos pobres em oxigênio. A pirita altera-se quimicamente na presença de condições oxidantes e forma o ácido sulfúrico, que é um ácido muito forte e agressivo ao meio ambiente natural e vai poluir rios, lagos e outros corpos de água, comprometendo esses ecossistemas. Um exemplo desse processo está representado na **Figura 4.18**.

Um bom exemplo desse tipo de impacto ambiental pode ser observado em regiões de mineração de carvão, por causa da presença de pirita, como nos arredores das cidades de Urussanga e Criciúma, em Santa Catarina. Ao ser beneficiado para uso industrial, o carvão é separado da pirita, a qual, ao entrar em contato com o oxigênio da atmosfera, produz dióxido (SO_2) e trióxido (SO_3) de enxofre. Esses compostos, ao reagirem com a água da chuva, formam o ácido sulfúrico (H_2SO_4), um poderoso ácido que atua na decomposição das rochas. A **Figura 4.19** exibe o horizonte de extração de carvão contendo pirita já degradada pelo processo de intemperismo. Nesse caso, o ferro contido na pirita é liberado e oxidado, formando diversos hidróxidos de ferro, entre eles a goethita. A oxidação do ferro é acelerada pela ação de bactérias que se alimentam de componentes químicos da rocha.

▲ **Figura 4.18** – Produtos da oxidação da pirita (com formação de hidróxidos de ferro e compostos ácidos-ácido sulfúrico), os quais acidulam o meio e produzem degradação ambiental.

▲ **Figura 4.19** – Camada de carvão mineral contendo pirita sob processo de intemperismo, em mina no município de Figueira (PR).

Os processos de intemperismo também produzem deslizamentos de encostas, particularmente em regiões montanhosas urbanizadas e ocupadas de maneira inadequada pelo homem, pois esses processos favorecem movimentos de massa (solo e rocha), sobretudo na época das chuvas, colocando em perigo a população dessas regiões.

A ocupação de regiões constituídas de rochas calcárias pode trazer perigo para o homem, pois a dissolução de carbonatos em subsuperfície propicia a formação de condutos e cavernas, cujo teto pode sofrer abatimento e propagar-se até a superfície do terreno, comprometendo as obras de construção civil e trazer riscos para a população.

Além de danos causados aos materiais naturais, há ainda a degradação promovida pelo intemperismo em monumentos históricos, fachadas de prédios antigos, obras de arte expostas. Como já mencionado anteriormente, os profetas esculpidos em pedra-sabão (rocha metamórfica, denominada esteatito) por Antônio Francisco Lisboa, o Aleijadinho, em função do longo tempo exposto ao ar livre, foram intensamente danificados pela ação do intemperismo. O mesmo ocorre com várias igrejas antigas de Minas Gerais e da Bahia, particularmente aquelas do período barroco, que tiveram suas fachadas degradadas pelo mesmo processo.

Revisão de conceitos

Atividades

1. Como evolui um perfil de solo?
2. Quais os principais agentes de intemperismo?
3. O que são intemperismos físico, químico e biológico?
4. Descreva as fases de evolução de uma esfoliação esferoidal em rocha.
5. Qual é a importância das fraturas e da permeabilidade de uma rocha durante os processos de alteração?
6. Qual é a importância da água na alteração de uma rocha?
7. Como se formam as argilas na natureza?

GLOSSÁRIO

Acidólise: Ocorre sob condições ácidas do meio, sendo comum em climas temperados, onde os elementos químicos gerados pela degradação de uma rocha permanecem solúveis na água contida nos solos. Nessas condições, formam-se os solos podzólicos, típicos de regiões de clima temperado.

Acidos húmicos, fúlvicos e oxálicos: São ácidos extremamente fortes, constituídos de hidrogênio, carbono e oxigênio. Formam-se a partir da decomposição da matéria orgânica. Chegam a ser 3 mil vezes mais fortes do que o ácido acético.

Alterita: Indicativo da espessura do solo formado a partir de uma rocha, com a exclusão dessa. Constitui apenas a parte alterada da rocha até a superfície do terreno. O termo "regolito", embora em desuso, é sinônimo de alterita.

Bauxita: Principal mineral de minério de alumínio, formado por alumínio, oxigênio e água, o qual representa, hoje, a principal fonte de extração de alumínio para a indústria metalúrgica.

Concreções: Acumulações de diversos minerais com estrutura endurecida e consistente, cimentada por minerais secundários de composição variada, que podem ser hidratados, hidrolisados ou oxidados, adquirindo diversas formas.

Crosta ferruginosa: Acumulação de diversos minerais secundários, hidratados e hidrolisados, que contém ferro em sua composição e forma camadas contínuas ou intermitentes desses minerais.

Desidratação: Perda de água de uma substância ou de um composto químico. Assim, um mineral é desidratado quando ele perde uma ou mais moléculas de água de sua composição.

Estruturas esferoidais: Formas arredondadas a esféricas, constituídas de minerais secundários, em geral de hidróxidos de ferro e/ou alumínio.

Geotécnica: Ramo da Geologia e da Engenharia Civil aplicado à construção de obras que dependam do comportamento dos solos e das rochas, como estradas, túneis, pontes, reservatórios de água, estabilização de talude, áreas de risco de deslizamento de terra, entre outros.

Hidratação: Processo de alteração de um mineral primário quando este incorpora uma ou mais moléculas de água, hidratando-se, a exemplo da $SiO_2\ 2H_2O$, em que a sílica (por exemplo: o quartzo) recebe duas moléculas de água em sua estrutura e forma um mineral secundário hidratado (no caso, a opala).

Hidrólise: Processo de alteração de um mineral primário quando este entra em contato com a água, havendo a incorporação de uma molécula de hidroxila. A hidrólise pode ser total ou parcial. No primeiro caso, há remoção de 100% do potássio e da sílica. No segundo, esses elementos são eliminados parcialmente, com a sílica permanecendo no perfil do solo, e o potássio sendo eliminado total ou parcialmente, dependendo das condições de drenagem da região. No caso do $Fe(OH)_2$, a incorporação de OH formará o hidróxido de ferro.

Iluviação: Acumulação de materiais oriundos do próprio solo que são dissolvidos ou entram em suspensão em um determinado nível do relevo ou horizonte do solo por percolação da água.

Jazidas de placer: Concentrações minerais encontradas nos leitos dos rios, que podem ser exploradas economicamente, a exemplo da cassiterita, do ouro e do diamante.

Jazidas lateríticas: Depósitos minerais relacionados a processos de formação de solos, os quais podem levar a concentrações econômicas de alumínio, manganês, ferro, urânio, ouro, tântalo-nióbio, fosfatos, entre outros.

Liquefação: Ocorre quando as partículas ou compostos inicialmente sólidos passam a ocupar um estágio liquefeito. Isso pode ser exemplificado por argilas que, em ambientes secos, se desidratam e passam para o estado sólido e se liquefazem quando incorporam água acima de um determinado limite. No início, tornam-se plásticas e depois se dispersam com o aumento da quantidade de água.

Lixiviação: Processo químico de alteração de minerais pela presença da água e ácidos, os quais removem compostos químicos e mesmo elementos químicos de minerais primários contidos em uma rocha em processo de alteração (intemperismo).

Minerais ferromagnesianos: Minerais portadores de ferro e magnésio em sua estrutura química, como os piroxênios, anfibólios e olivina (ver **Capítulo 1**).

Minerais micáceos: Minerais laminados e placoides da família das micas, como biotita, moscovita, sericita, lepidolita, fuchsita (ou fuxita).

Oxidação: Processo químico de mudança de valência de um elemento químico por causa da ação química do oxigênio. Isso pode ser exemplificado pela passagem do ferro de valência dois (ferro ferroso) para ferro de valência três (ferro férrico).

Pedogenético: Que se refere à análise da evolução de solos (*pedos*) e do processo responsável por sua geração ou formação (*gênese*) como solo propriamente dito.

Regolito: Ver **alterita**.

Solos hidromórficos: Solos constituídos preferencialmente por minerais oxidados, hidrolisados e hidratados, incluindo óxidos e hidróxidos de ferro e de alumínio, que podem ocorrer associados com argilas também hidrolisadas e hidratadas, como caulinitas e illitas.

Superfície específica: Termo de conotação química que diz respeito a uma reação química amplificada, cuja velocidade depende fundamentalmente da superfície de contato da substância ou composto químico (no caso, mineral).

Referências bibliográficas

BLOOM, L. A. *Superfície da Terra*. São Paulo: Edgard Blücher, 1970. 184 p. (Série de Textos Básicos de Geociências).

EMILIANI, C. *Planet Earth*: Cosmology, Geology, and the Evolution of Life and Environment. Cambridge: Cambridge University Press, 1992. 736 p.

HAMBLIN, W. K. *The Earth's Dynamic Systems*: A Textbook in Physical Geology. New York: Macmillan Publishing Company, 1989. 576 p.

WICANDER, R.; MONROE, J. S. *Fundamentos de Geologia*. Cengage-Learning, 508 pg. Revisão e adaptação de M. A. Carneiro, 2006.

CAPÍTULO 5
Origem, formação e importância das rochas sedimentares
Maria da Glória Motta Garcia e Fernando Mancini

Principais conceitos

▶ As rochas sedimentares são produtos formados pela ação do intemperismo, transporte e deposição de partículas.

▶ Elas são geradas por processos mecânicos (ou físicos), químicos ou biológicos (resultantes da atividade de organismos) e classificadas por sua composição mineralógica, química ou pela granulometria das partículas predominantes.

▶ As características observadas nas rochas sedimentares permitem interpretar a natureza dos processos geradores e fornecem informações acerca do passado geológico de uma região.

▶ Nas rochas sedimentares podem ser encontrados fósseis, representados por restos de animais e plantas.

▶ Nessas rochas encontram-se bens minerais de fundamental importância para a sociedade, como os combustíveis fósseis (petróleo e carvão mineral) e água subterrânea, além de matérias-primas para indústrias, de construção civil, cerâmica, vidro e outras.

▲ Rochas sedimentares estratificadas. Vale da Lua, Deserto do Atacama, Chile.

Introdução

Durante as férias, ao passear por uma região de serras, pode-se notar que no sopé das montanhas existem blocos de diferentes tamanhos. Percebe-se também que, ao longo dos rios que escavam a serra, ocorre acúmulo de fragmentos, como cascalhos e areias, principalmente em seu leito. Em outra visita turística, ao litoral, observa-se diferenças de tamanho tanto entre as areias de diferentes praias como em pontos distintos de uma mesma praia.

Os fragmentos de rochas e minerais encontrados em cascalhos no leito do rio, no sopé da serra e nas areias da praia apresentam tamanhos variáveis, desde minúsculos (fração de milímetro) até enormes (dois ou mais metros de diâmetro) – passaremos a denominar depósitos de clastos esses produtos da acumulação de sedimentos; denominaremos rochas sedimentares os produtos da compactação desses sedimentos. Essas rochas constituem grande parte da superfície da camada exterior da Terra, chamada crosta, mas perfazem apenas 5% de seu volume. Contudo, esses 5% estão distribuídos como uma fina camada externa (espessura de até cerca de 10 km, pequena para os padrões geológicos) distribuída por cerca de 75% da superfície terrestre (**Figura 5.1**).

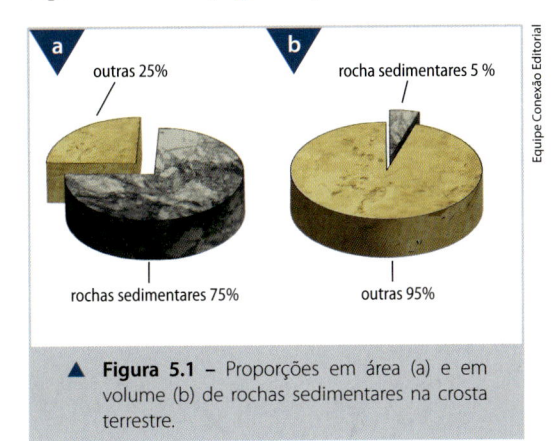

▲ **Figura 5.1** – Proporções em área (a) e em volume (b) de rochas sedimentares na crosta terrestre.

Origem dos sedimentos

Os processos físicos, químicos e biológicos que causam o intemperismo das rochas (ígneas, metamórficas e sedimentares) já foram descritos no **Capítulo 4**. As rochas que contribuem na formação de fragmentos são chamadas rochas-fonte (rochas-mãe ou rochas matrizes). Os produtos de intemperismo incluem fragmentos mais ou menos alterados de rochas e minerais (especialmente os mais resistentes ao intemperismo), novos minerais formados por intemperismo químico ou diagênese, matéria orgânica incorporada ao solo e íons solúveis dissolvidos na água. Todos esses materiais são englobados inicialmente aos sedimentos por meio de processos mecânicos, no caso dos clastos, ou por precipitação química posterior, no caso dos íons dissolvidos, para depois transformarem-se em rochas sedimentares (**Figura 5.2**).

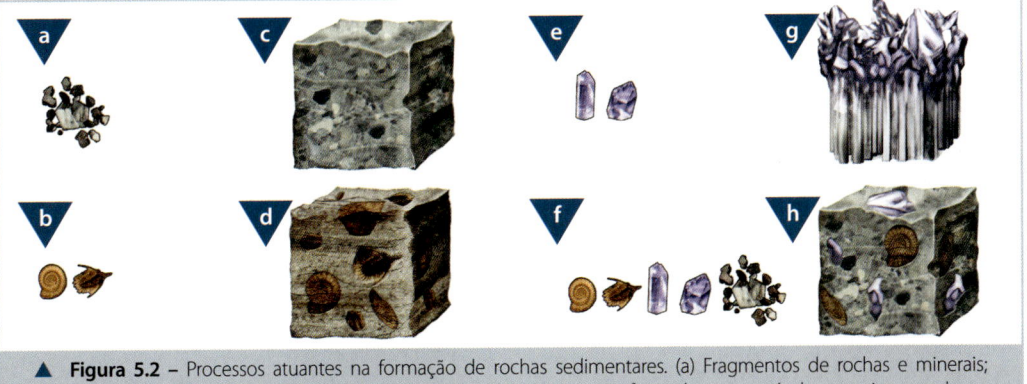

▲ **Figura 5.2** – Processos atuantes na formação de rochas sedimentares. (a) Fragmentos de rochas e minerais; (b) fragmentos de organismos; (c) rochas sedimentares clásticas são formadas por partículas preexistentes de rochas e minerais; (d) rochas sedimentares orgânicas são constituídas por detritos biológicos como esqueletos, conchas ou vegetais; (e) cristais precipitados; (f) rochas, minerais e fragmentos de organismos; (g) rochas sedimentares químicas são formadas por precipitação química de minerais; (h) muitas rochas sedimentares contêm uma combinação dos três componentes (a, b, e).

Formação das rochas sedimentares

As partículas e os íons produzidos pelo intemperismo podem ser transportados e depositados posteriormente em diferentes meios. Os meios e as distâncias de transporte, além das formas de deposição dos sedimentos, dependem de fatores naturais como clima, vegetação, relevo, tamanho e composição dos clastos e tipo do fluido de transporte. O conjunto dos processos de geração, erosão, transporte e deposição dos sedimentos é o responsável pela natureza da maioria das rochas sedimentares, com exceção daquelas produzidas a partir da ação de organismos.

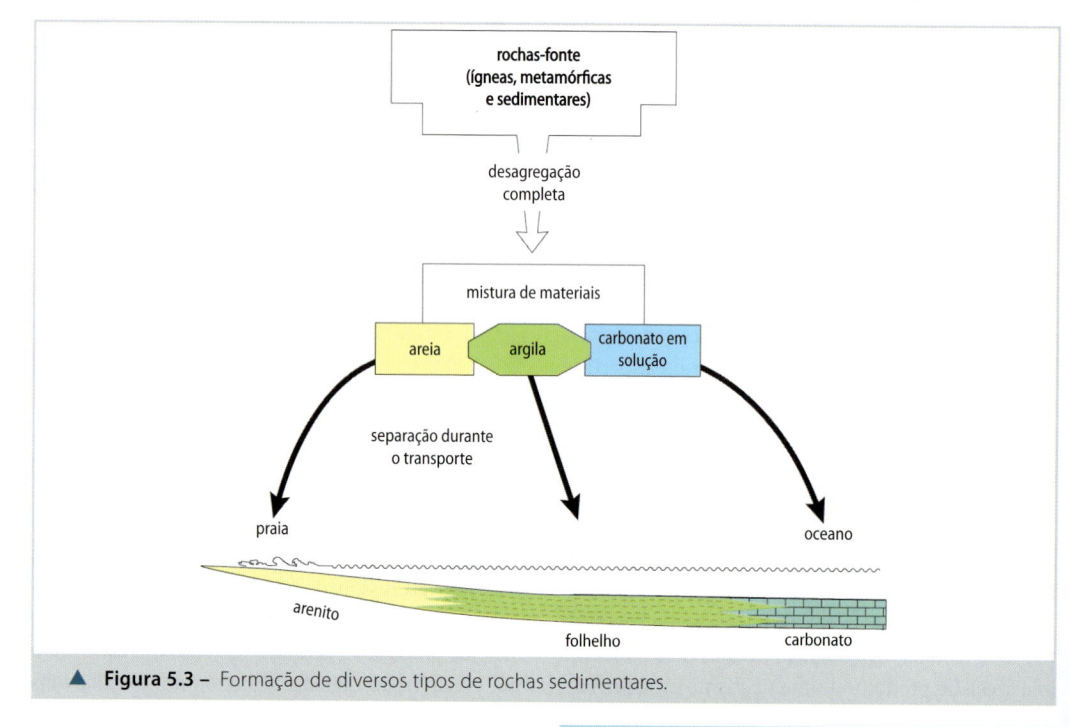

▲ **Figura 5.3** – Formação de diversos tipos de rochas sedimentares.

Os fragmentos clásticos são transportados pelo vento, pela água e pelo gelo das geleiras, quase sempre sob influência mais ou menos intensa da gravidade. A água que escoa a partir da nascente de um rio transporta os íons solúveis para outros locais (**Figura 5.3**). No decorrer do transporte, a velocidade disponível para carregar os clastos diminui gradualmente em função de vários fatores: (a) variação da declividade do terreno (gradiente); (b) presença de obstáculos; e (c) quantidade de sedimentos (carga sedimentar) transportada, além de outros fatores. Quando esses agentes se tornam incapazes de transportar os fragmentos em função de seus tamanhos, formas ou densidades, esses são depositados.

Exemplos da atuação dos processos de transporte e deposição podem ser observados quando analisamos as modificações graduais da natureza dos sedimentos ao longo de um rio (**Figura 5.4**).

▲ **Figura 5.4** – Distribuição granulométrica de sedimentos fluviais em função da diminuição de competência de transporte e/ou desgaste do sedimento.

Em locais próximos à sua cabeceira, que se situa na região mais elevada e com maior energia de água, são depositados os clastos maiores ou mais pesados, enquanto os sedimentos mais finos e mais leves seguem rumo à foz do rio. A granulometria dos sedimentos depositados diminui gradativamente com o decréscimo da competência do transporte pela água.

A distribuição granulométrica (ou granulometria) representa a variação no diâmetro dos clastos, que pode ser verificada, por exemplo, na praia onde, de modo geral, quanto mais nos afastamos rumo ao mar aberto, mais o diâmetro da areia diminui até chegar à lama.

Como observado anteriormente, além de sedimentos, a água carrega também íons em solução (**Figura 5.5**). Quando ocorrem mudanças nas propriedades da água, como alterações na temperatura, na acidez (pH) ou na turbidez, esses íons podem ser precipitados quimicamente e gerar rochas sedimentares de origem química. Rochas sedimentares bioquímicas podem se originar quando a precipitação é promovida pela ação de organismos.

A precipitação de íons transportados pela água pode ser constatada, por exemplo, durante a formação dos espeleotemas, que são comuns em cavernas (**Figura 5.6**), onde são

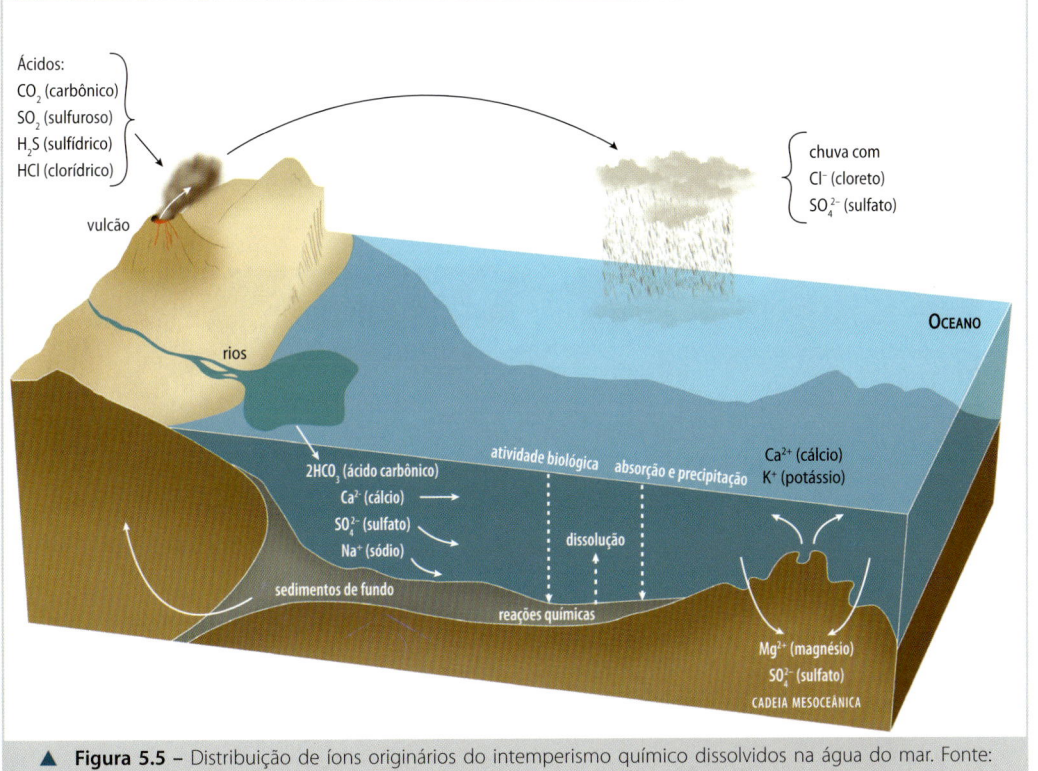

▲ **Figura 5.5** – Distribuição de íons originários do intemperismo químico dissolvidos na água do mar. Fonte: Hyperlink. Disponível em: http://www.waterencyclopedia.com/images/wsci_03_img0378.jpg. Acesso em: 29 ago. 2019.

formados pela precipitação de carbonato de cálcio ($CaCO_3$) proveniente da dissolução de rochas calcárias. As estalactites e as estalagmites que constituem os espeleotemas exibem formas cilíndricas ou cônicas, adquiridas como resultado de gotejamento de águas de tetos de cavernas calcárias. Quando o crescimento ocorre a partir do teto (de cima para baixo), tem-se as estalactites; caso contrário, quando ela ocorre rumo ao teto (de baixo para cima), tem-se as estalagmites.

A acumulação de sedimentos que posteriormente dão origem à rocha sedimentar ocorre basicamente pela ação dos seguintes processos:

Figura 5.6 – Estalactites e estalagmites na Caverna do Bacaetava, Colombo (PR).

(a) diminuição da velocidade ou competência de transporte; (b) precipitação química de íons na água; e (c) atividades de organismos. Os locais onde os sedimentos são acumulados chamam-se bacias de sedimentação (ou bacias sedimentares), que normalmente formam depressões na superfície propícias à acumulação de sedimentos. Muitas bacias formam-se por processos tectônicos (ver **Capítulo 7**).

Após a deposição, ocorre o endurecimento desses sedimentos por meio da compactação e agregação das partículas (**Figura 5.7**), resultantes de fenômenos agrupados sob a designação diagênese ou litificação, que transformam sedimentos soltos em uma massa coesa e levam à formação de uma rocha mais ou menos dura. A diagênese pode ocorrer por compactação mecânica, pelo aumento da pressão exercida por novos sedimentos depositados sobre os mais antigos ou pela percolação de fluidos e cimentação dos espaços vazios (poros) existentes entre os fragmentos, onde podem precipitar minerais, como a calcita. Outro processo diagenético ocorre pela recristalização de cimentos que se encontram entre os fragmentos.

Figura 5.7 – Processos atuantes na formação das rochas sedimentares.

Características de uma partícula sedimentar

Um clasto pode ser caracterizado por várias propriedades físicas e químicas. A composição mineralógica pode fornecer informações sobre composição química, densidade e resistência aos processos de intemperismo químico e físico. Um grão de quartzo (SiO_2), com densidade de cerca de 2,65 g/cm³, é bem mais leve do que um grão de magnetita ($FeO \cdot Fe_2O_3$), com densidade de 5,1 g/m³.

Entretanto, o quartzo é muito mais resistente ao intemperismo, principalmente ao intemperismo químico, do que a magnetita, que contém ferro ferroso, mais facilmente oxidável. Por essa razão, o grão de quartzo pode ser transportado por grandes distâncias e durante muito tempo, sem sofrer alterações, enquanto que a magnetita oxida com mais facilidade.

Quadro 5.1 – Medindo o tamanho dos grãos

Uma das características mais importantes a ser observada nos clastos é a variação dos diâmetros dos grãos que compõem uma rocha sedimentar. Para classificar os sedimentos de acordo com suas granulometrias, utilizam-se tabelas que comparam o diâmetro dos clastos e estabelecem nomes para determinados intervalos de diâmetro de acordo com escalas granulo-métricas. Existem várias escalas de classificações granulométricas que adotam diferentes intervalos de granulometria com diferentes nomes para cada um dos intervalos, de acordo com a finalidade. A mais utilizada em sedimentologia foi proposta por Wentworth (**Figura 5.8**), sendo construída a partir de logaritmo de base dois e que adota os seguintes termos, de acordo com o diâmetro dos fragmentos: argila (menores que 0,004 mm), silte (entre 0,004 e 0,062 mm), areia (entre 0,062 e 2 mm), grânulo (entre 2 e 4 mm), seixo (entre 4 e 64 mm), bloco ou calhau (entre 64 e 256 mm) e matacão (acima de 256 mm). Com base nesses valores de diâmetro, os sedimentos podem ser classificados em vários tipos (**Figura 5.9**), segundo as frequências relativas, em diferentes termos granulométricos.

As modificações no tamanho das partículas sedimentares, desde sua origem (na área-fonte) até sua deposição (na bacia sedimentar), dependem das dimensões originais e das condições de transporte, como distâncias curtas ou longas, águas turbulentas ou calmas, além dos agentes de transporte (gelo, vento etc.). As modificações granulométricas são registradas pelas diferentes partículas sedimentares, que permitem desvendar

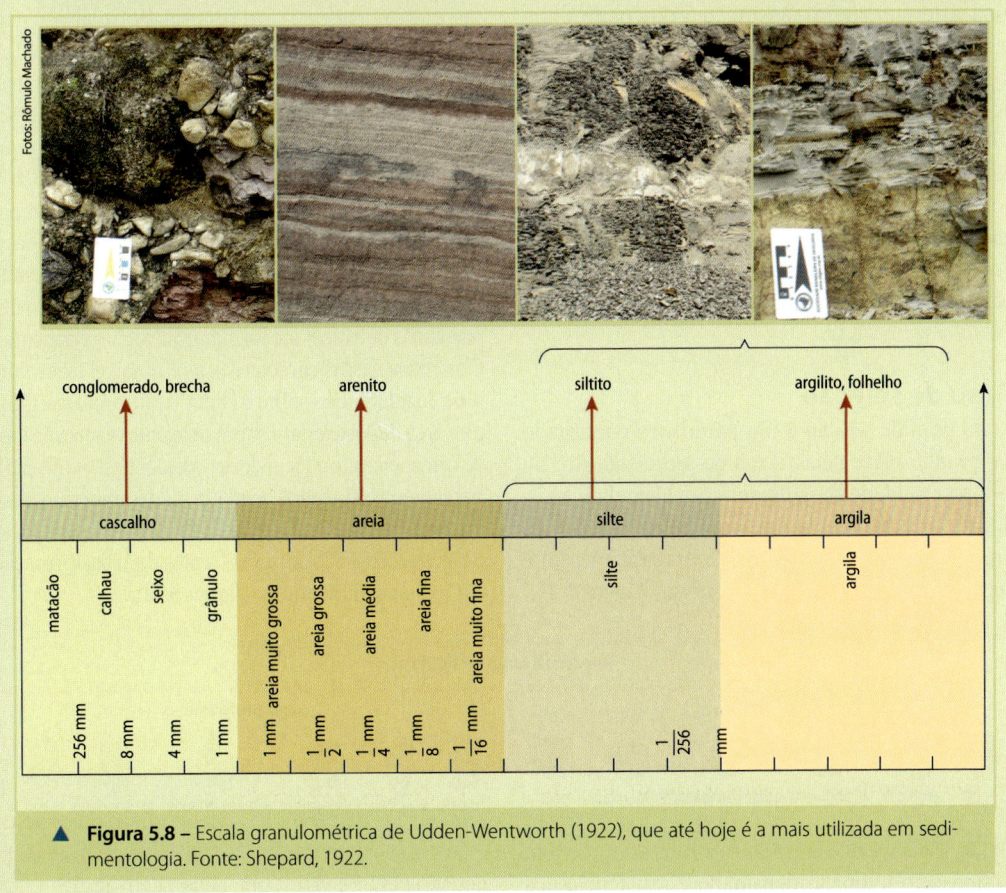

▲ **Figura 5.8** – Escala granulométrica de Udden-Wentworth (1922), que até hoje é a mais utilizada em sedimentologia. Fonte: Shepard, 1922.

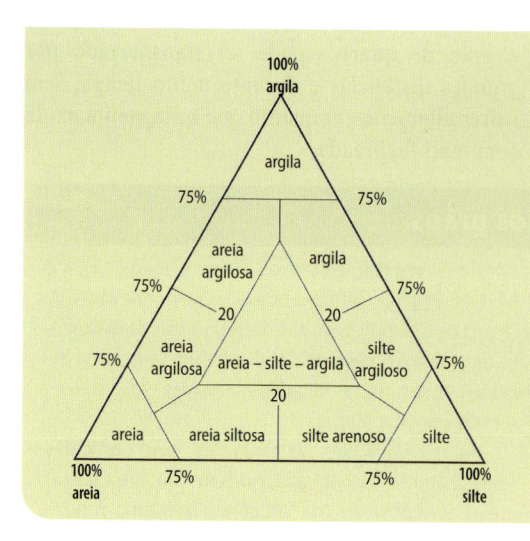

Figura 5.9 – Diagrama de classificação de sedimentos (e rochas sedimentares), segundo a granulometria (Shepard, 1954).

parte da história da rocha, dependendo do agente de transporte (água, vento, gelo ou gravidade) que, em desmoronamentos, por exemplo, atuam com forças de atrito diferenciadas sobre os grãos. Além disso, o volume (ou peso) de sedimentos transportados também pode influir nos tamanhos dos grãos, pois, quanto maior for essa quantidade, mais frequentes serão os choques entre os grãos e maior será a diminuição da granulometria.

Forma dos clastos

Quanto à forma, as partículas podem ser caracterizadas pelos graus de esfericidade e arredondamento (**Figura 5.10**). O primeiro refere-se à comparação entre as formas do grão com a de uma esfera perfeita. Assim, o grão pode apresentar esfericidade baixa, média ou alta e suas formas, independentemente dos graus de arredondamento e esfericidade, são descritas como cúbicas, discoides, placoides e alongados (em bastão). O segundo está relacionado ao contorno do grão e ilustra a quantidade de arestas (angularidades) que ele apresenta. Segundo esse critério, os fragmentos podem ser classificados como arredondados (com poucas arestas) até angulosos (com arestas).

Grau de seleção

O grau de seleção é um parâmetro controlado em grande parte pelas taxas de sedimentação, ou seja, a velocidade de sedimentação, além da seleção prévia, principalmente em sedimentos policíclicos (que sofreram vários ciclos de retrabalhamento) e pela energia do agente de transporte (**Figura 5.11**).

Os sedimentos transportados por tempestades são normalmente mal selecionados por causa da alta taxa de sedimentação, isto é, possuem partículas de diversos tamanhos, desde as mais grossas até as mais finas. Os sedimentos transportados por geleiras, que é um agente com viscosidade e competência muito altas, também tendem a ser mal selecionados. Ao contrário, sedimentos de praias, que são retrabalhados continuamente pelas ondas, tendem a ser bem selecionados, assim como os sedimentos que sofrem transporte pelos ventos (transporte eólico).

A análise conjunta de parâmetros, como composição mineralógica, granulometria, graus de esfericidade e arredondamento e grau de seleção, permite compreender a história de transporte e deposição das partículas detríticas até formar uma rocha sedimentar. Com base nessas características é possível fazer uma série de inferências sobre o clima vigente na área-fonte e na área deposicional e sobre os agentes e mecanismos de transporte até o local de deposição. Essa avaliação é baseada nos conceitos de maturidades mineralógica e textural, que indicam o grau de modificações químicas e físicas sofridas pelos grãos antes da transformação em rochas sedimentares (**Figura 5.12**).

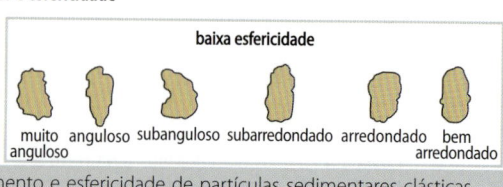

▲ **Figura 5.10** – Relação entre os graus de arredondamento e esfericidade de partículas sedimentares clásticas (ou detríticas).

muito bem selecionado ←——————————————————→ muito pobremente selecionado

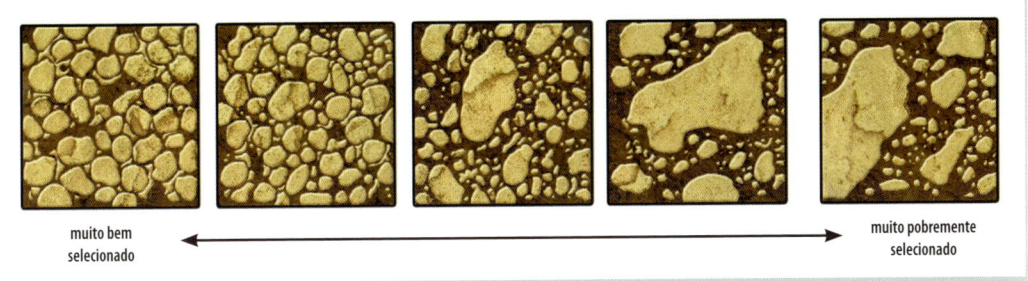

▲ **Figura 5.11** – Comparação dos graus de seleção de partículas de sedimentos clásticos (ou detríticos), desde muito bem selecionados (exemplo: areias eólicas) até muito pobremente selecionados (exemplo: areias fluvio-glaciais).

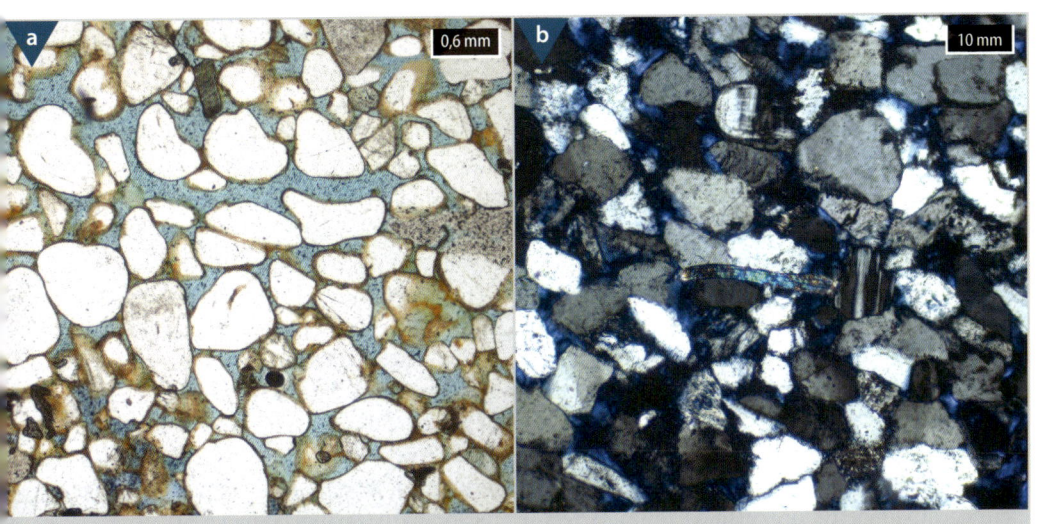

▲ **Figura 5.12** – (a) Arenito bem selecionado com maturidade textural oriundo da Formação Botucatu (SP). Procedência: Serra de Santa Maria, entre São Pedro e Torrinha, SP. (b) Arenito mal selecionado com imaturidade textural. Procedência: Bacia do Paranaíba, Formação Poti (Carbonífero Inferior); Barão de Grajaú, MA.

Quadro 5.2 – Avaliando a maturidade dos grãos

Maturidade composicional ou mineralógica: refere-se à diversidade de composição dos clastos que compõem uma rocha sedimentar. Desse modo, clastos predominantemente compostos de quartzo, que é um mineral resistente, sugerem que a alteração química e o transporte foram suficientemente ativos para destruir os minerais mais instáveis, como os feldspatos e outros menos resistentes ao intemperismo. Diz-se, então, que a rocha é mineralogicamente matura. Por outro lado, se os clastos presentes são compostos por alta frequência de minerais instáveis, a rocha é denominada imatura, ou seja, seus grãos sofreram relativamente pouco transporte e pouco intemperismo químico e/ou físico. Elevada maturidade mineralógica pode ser atingida por alteração química e transportes brandos, porém atuantes por longo período de tempo e/ou por meio de ciclos sucessivos.

Maturidade textural: aos conceitos de arredondamento, esfericidade e seleção granulométrica dos sedimentos pode-se associar o conceito de maturidade textural. Diz-se que uma rocha possui boa seleção granulométrica quando os grãos têm diâmetros semelhantes, ou seja, pertencem a uma mesma classe granulométrica. Se esses grãos possuírem ainda elevado índice de arredondamento e de esfericidade, a rocha será também texturalmente matura. Ao contrário, se uma rocha apresentar uma grande variação no diâmetro dos grãos (baixa seleção granulométrica), além de fragmentos angulosos (baixo arredondamento) e com baixa esfericidade, será texturalmente imatura.

Para melhor entendermos os conceitos de maturidades textural e mineralógica, pode-se comparar, por exemplo, uma pilha de entulho proveniente da demolição de um prédio e um saco de bolinhas de gude. Na pilha de entulho encontram-se materiais de diversos tipos, formas e tamanhos, como fragmentos de ferro, de madeira, de tijolo e de vidro misturados, pois ninguém ou nenhum processo atuou em sua separação e nesse caso corresponderá a uma rocha textural e mineralogicamente imatura. Já no saco de bolinhas de gude, com exceção de eventuais bolinhas de gude maiores que você tenha ganho em uma partida com seus colegas, todas terão tamanhos iguais e serão de vidro, pois a fábrica de bolinhas atuou na seleção do material. Esse material corresponde, portanto, a uma rocha matura tanto textural (bolinhas de mesmo tamanho, arredondadas e esféricas) quanto mineralogicamente (todas constituídas do mesmo material).

Classificação das rochas sedimentares

Com base nos processos responsáveis pela geração, transporte e deposição dos sedimentos, podemos classificar as rochas sedimentares em três tipos (**Figura 5.13**):

Rochas sedimentares clásticas: formadas por processos físicos (mecânicos) de geração, transporte e deposição de fragmentos (clastos). São as mais comuns e mais importantes.

Rochas sedimentares químicas: originadas de reações químicas entre certas substâncias químicas, como sílica (SiO_2), carbonato de cálcio ($CaCO_3$) e evaporitos, que são depósitos de sais de vários tipos.

Rochas sedimentares orgânicas: produzidas pelo acúmulo de sedimentos ou minerais por meio da atividade de organismos como os recifes de corais ou pela sedimentação de material clástico de origem orgânica, como restos de vegetais que formam depósitos carbonosos como turfa e carvão.

As rochas clásticas constituem a grande maioria das rochas sedimentares e são classificadas principalmente com base no tamanho (ou diâmetro) dos clastos. Utilizando-se a escala de Wentworth (1992) é possível classificar as rochas sedimentares clásticas de acordo com a granulometria predominante dos clastos que formam o arcabouço. Dessa forma, o arenito é a rocha sedimentar clástica formada predominantemente por grãos cujos diâmetros variam entre 0,062 e 2 mm. Por outro lado, a rocha será chamada conglomerado se os clastos que compõem seu arcabouço apresentarem tamanho superior a 2 mm; de siltito, se os fragmentos predominantes estiverem no intervalo denominado silte da escala de Wentworth; e de argilito, se a maioria dos fragmentos for menor que 0,004 mm (**Figura 5.14**).

Além do arcabouço, que é a fração granulométrica principal, as rochas sedimentares clásticas são caracterizadas também pela presença da matriz, composta pelos grãos intersticiais de tamanhos menores.

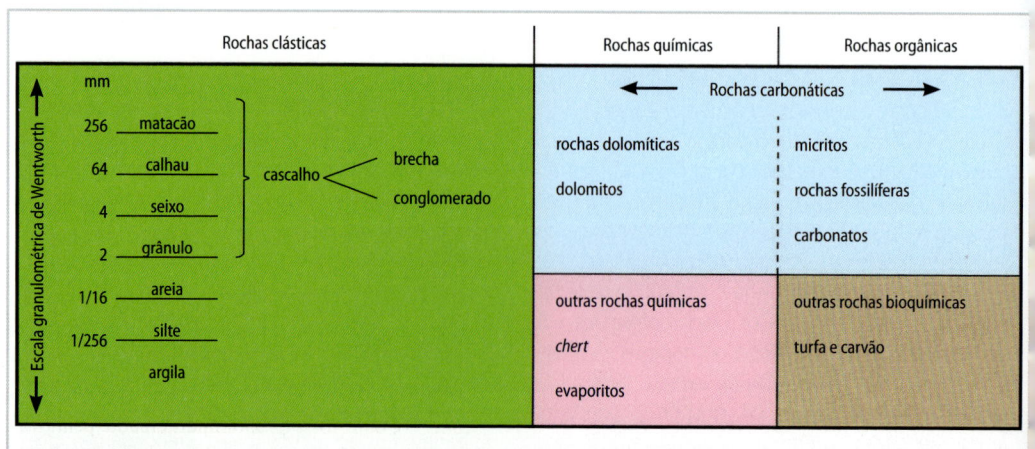

Rochas clásticas			Rochas químicas	Rochas orgânicas
Escala granulométrica de Wentworth (mm)			← Rochas carbonáticas →	
256 — matacão	cascalho	brecha	rochas dolomíticas	micritos
64 — calhau		conglomerado	dolomitos	rochas fossilíferas
4 — seixo				carbonatos
2 — grânulo				
1/16 — areia			outras rochas químicas	outras rochas bioquímicas
1/256 — silte			chert	turfa e carvão
argila			evaporitos	

▲ **Figura 5.13** – Classificação simplificada das rochas sedimentares. Fonte: Shepard, 1922.

Figura 5.15 – Relação entre arcabouço e matriz de uma rocha sedimentar.

A disposição espacial dos grãos que formam o arcabouço e a matriz originam espaços vazios (ou poros) entre esses grãos, que podem ser preenchidos por ar, água ou outros fluidos como gás ou petróleo. A porosidade primária da rocha depende, em grande parte, da seleção granulométrica e de outros parâmetros, como tamanho e forma das partículas. Rochas com baixa seleção granulométrica geralmente apresentam porosidade menor quando comparadas a rochas com boa seleção granulométrica. Quando os poros estão preenchidos com água, pode ocorrer a precipitação de substâncias químicas, como sílica ou carbonato de cálcio, que conduz à cimentação da rocha (**Figura 5.15**). A precipitação do cimento diminui a porosidade primária da rocha, ou seja, a quantidade inicial de espaços vazios, para uma nova situação denominada de porosidade secundária. Por outro lado, a porosidade secundária pode ser eventualmente maior que a primária quando houver, por exemplo, dissolução de determinados fragmentos minerais pela atuação de alguns fluidos, como ácidos.

De maneira semelhante à nomenclatura adotada para rochas sedimentares químicas e orgânicas, algumas rochas sedimentares clásticas também podem receber nomes especiais. Denomina-se, por exemplo, ritmito uma rocha sedimentar na qual se verifica a repetição de uma certa propriedade marcante, como alternância sucessiva de camadas de siltitos com camadas de argilitos, definindo assim uma repetição rítmica vertical das mesmas (**Figura 5.16a**). Uma brecha sedimentar possui, como um conglomerado, fragmentos com mais de 2 mm de diâmetro, mas a denominação é por causa dos diferentes graus de arredondamento dos fragmentos maiores, que são angulosos na brecha e arredondados no conglomerado (**Figura 5.16b**). Quando o arcabouço é composto predominantemente pela fração fina (silte e argila), com presença esporádica de clastos maiores que 2 mm, temos o lamito (**Figura 5.16c**).

Figura 5.14 – Exemplos de rochas sedimentares clásticas. (a) Arenito; (b) conglomerado; (c) argilito.

Existem ainda classificações para as rochas sedimentares, que utilizam outros critérios e respectivas denominações (SUGIRIO, 2003).

Figura 5.16 – Exemplos de rochas sedimentares com denominações específicas. (a) Ritmito; (b) brecha; (c) lamito.

A importância das rochas sedimentares

A história impressa nos sedimentos

As rochas sedimentares originam-se do acúmulo de fragmentos inorgânicos ou orgânicos, da precipitação de substâncias químicas ou mesmo da atividade de alguns tipos de organismos, como foi visto anteriormente. Para que isso ocorra é necessário o transcurso de certo intervalo de tempo, que pode ser relativamente curto (algumas horas), em eventos catastróficos como inundações ou avalanches, ou extremamente longo, como em processos relacionados à baixa energia, como o de decantação de argilas em lagos. Mesmo os processos de baixa energia, como esses últimos, podem gerar sequências de rochas sedimentares com até centenas de metros de espessura, se houver tempo suficiente. Em Geologia, o tempo envolvido na ocorrência da maioria dos processos é extremamente longo em relação, por exemplo, à efêmera duração da vida humana.

Com base nessa premissa, se em uma bacia sedimentar, em determinado momento do tempo geológico, as condições predominantes na formação de rochas sedimentares eram relacionadas a rios, as rochas formadas nesse intervalo de tempo exibirão características que permitem identificar a atuação de processos fluviais. A ocorrência de mudanças climáticas pode causar a substituição de processos fluviais de rios perenes por outros, como de processos fluviais de rios efêmeros. As rochas depositadas durante esse novo intervalo de tempo serão então caracterizadas por feições que permitem identificar, após vários milhões de anos, que os processos atuantes eram relacionados ao ambiente desértico.

Essas características se refletem nas propriedades anteriormente discutidas, como a granulometria e as seleções textural e mineralógica associadas às estruturas sedimentares peculiares desses ambientes. As estruturas sedimentares são feições físicas, químicas ou orgânicas das rochas sedimentares que permitem interpretar os processos atuantes durante a deposição e/ou diagênese dessas rochas. Associações de estruturas sedimentares permitem inferir o tipo de ambiente dominante (fluvial, desértico, praia, glacial, entre outros) na época em que a rocha foi formada em diferentes intervalos do tempo geológico.

Entre as estruturas sedimentares podem ser reconhecidos os seguintes grupos principais: as estruturas orgânicas e as inorgânicas.

As estruturas sedimentares orgânicas são feições geradas nas rochas sedimentares pela atividade orgânica, como bioturbações deixadas durante a locomoção dos organismos sobre o substrato sedimentar ou tubos por causa da escavação por certos tipos de animais que vivem enterrados no substrato, como os encontrados nas praias atuais. Outras estruturas sedimentares orgânicas são as bioestratificações (camadas superpostas relativamente tabulares de depósito sedimentares de origem orgânica) geradas pelo crescimento de recifes ou por restos da atividade orgânica, como os coprólitos (restos de excrementos de animais vertebrados), ou mesmo restos ou partes do organismo, que dão origem aos assim denominados fósseis (**Figura 5.17**). O estudo dos fósseis é importante porque, por meio deles, é possível obter várias informações sobre a evolução biológica dos organismos, incluindo o ser humano, e fazer prognósticos sobre o futuro da espécie, bem como interpretar os paleoambientes de vida desses organismos.

▲ **Figura 5.17** – Estruturas sedimentares orgânicas. a) Fóssil de esqueleto mesossaurídeo; b) Fósseis (icnofósseis) – traço de rastejo.

As estruturas sedimentares inorgânicas constituem dois conjuntos baseados nas épocas de geração da estrutura e de formação da rocha sedimentar. Dessa forma, as estruturas sedimentares contemporâneas à sedimentação, intimamente relacionadas aos processos deposicionais, são classificadas como primárias ou singenéticas. As estruturas geradas após a sedimentação e, portanto, não relacionadas à sua deposição, mas sim aos processos pós-deposicionais (diagênese e litificação), são chamadas secundárias ou epigenéticas.

A estrutura sedimentar singenética mais comum é o acamamento, resultante da superposição de diferentes tipos litológicos ou por apenas variação na granulometria de uma sequência de rochas sedimentares. A variação granulométrica pode ser normal, quando diminui da base para o topo da sequência (granocrescência ascendente), ou inversa, quando é mais fina na base e aumenta para o topo (granodecrescência ascendente). Dependendo da espessura, o acamamento pode ser classificado como estratificação (maior que 2 cm) ou laminação (menor que 2 cm). As estratificações, por sua vez, podem ser classificadas como plano-paralelas ou cruzadas de vários tipos e indicam mudanças na energia e/ou no sentido de fluxo da corrente de transporte dos grãos (**Figura 5.18**). Outras estruturas sedimentares singenéticas, como marcas onduladas (**Figura 5.19**), podem ser observadas em campo ou em amostras de mão.

▲ **Figura 5.18** – Estruturas sedimentares singenéticas: (a) estratificação e laminação plano-paralelas em siltitos e carbonatos; (b) estratificação cruzada em arenitos eólicos.

▲ **Figura 5.19** – (a) Marcas onduladas; (b) detalhe em perfil.

As estruturas sedimentares inorgânicas epigenéticas são resultantes de processos atuantes após a deposição e durante a diagênese, quando o sedimento ainda estava em estágio relativamente hidroplástico. Existe grande diversidade de estruturas que podem ser formadas nos vários estágios de diagênese, em função da evolução da plasticidade e/ou coesão, desde estados de quase fluido até quase sólido. Algumas estruturas sedimentares epigenéticas, como as marcas de impacto das gotas de chuva, as gretas de contração e as dobras convolutas resultantes de deslizamentos dos sedimentos formam-se quando ainda estão saturados em água (**Figura 5.20**). As estruturas epigenéticas estão associadas a alterações do sedimento original antes da litificação final.

▲ **Figura 5.20** – Estruturas sedimentares epigenéticas. (a) Marcas de gotas de chuva; (b) gretas de contração; (c) dobras convolutas.

ORIGEM E IMPORTÂNCIA DAS ROCHAS SEDIMENTARES

O conjunto de características de uma rocha sedimentar que a diferencia de sequências sedimentares adjacentes define a fácies sedimentar. Esse termo foi criado para definir uma unidade sedimentar com características de geometria (forma), composição, estruturas sedimentares e conteúdo fossilífero que a distingue das unidades adjacentes e permite a interpretação dos possíveis processos de formação da rocha.

A análise de uma sequência ou associação de fácies sedimentares, que indica interação entre os diferentes processos formadores das rochas sedimentares, fornece subsídios para inferir as condições ambientais e/ou os vários tipos de ambientes que existiram em uma região na época de formação dessas rochas. Esses ambientes podem ser continentais, marinhos ou transicionais (costeiros) (**Figura 5.21**) e a interpretação dos processos a partir da análise de fácies é feita com base em informações sobre os diferentes tipos de rochas e estruturas sedimentares formados atualmente em rios, em geleiras, em desertos, em praias e outros ambientes.

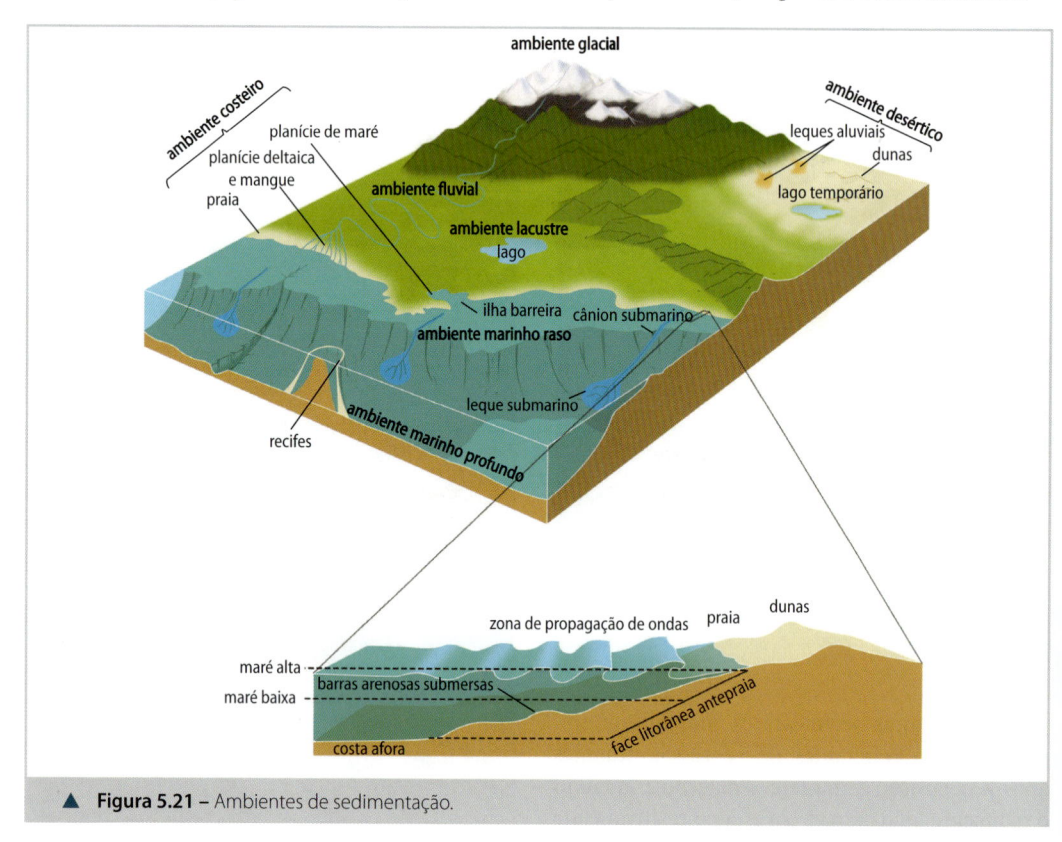

▲ **Figura 5.21** – Ambientes de sedimentação.

Importância econômica

Nas rochas sedimentares podem ser encontrados vários tipos de recursos minerais de importância fundamental para a sociedade, como as acumulações de petróleo e de água subterrânea, graças às características de porosidade e permeabilidade apresentadas por essas rochas. As jazidas de carvão mineral também ocorrem em rochas sedimentares, bem como os depósitos de areia e argila, que o ser humano utiliza em abundância para as indústrias da construção civil, cerâmica, entre outras.

O calcário é uma rocha sedimentar fundamental, que constitui a matéria-prima principal para a indústria do cimento, além de outros tipos específicos de rochas sedimentares (certos tipos de argilas) utilizadas amplamente pela indústria farmacêutica e de cosméticos para a produção de uma infinidade de produtos. Alguns minerais pesados, como ouro, diamante, zircão, granada e outros, estão concentrados em depósitos economicamente viáveis por meio dos mesmos processos que atuam no transporte e deposição dos sedimentos.

Quadro 5.3 – Quando a sedimentação foi interrompida

Quando ocorre uma interrupção na sedimentação em uma bacia sedimentar, tem-se um intervalo de tempo de não deposição de sedimentos com erosão de parte do que já foi depositado e geração de uma superfície chamada discordância. Existem quatro tipos básicos de discordâncias: desconformidade ou discordância paralela, paraconformidade, discordância angular e inconformidade ou não conformidade. A discordância paralela (**Figura 5.24a**) e a paraconformidade (**Figura 5.24b**) ocorrem quando as camadas acima e abaixo da discordância são paralelas; a primeira é marcada por uma superfície de erosão irregular e, na segunda, a própria superfície de discordância é paralela às camadas.

A discordância angular (**Figura 5.24c**) ocorre quando camadas de sedimentos se depositam horizontalmente sobre uma sequência sedimentar mais antiga que se encontra inclinada. A existência de camadas inclinadas e das discordâncias angulares atesta por si só a existência de movimentos tectônicos da crosta, já que as camadas inferiores teriam sido previamente dobradas ou basculadas por falhas. Uma inconformidade ocorre quando rochas sedimentares se depositam sobre rochas ígneas ou metamórficas mais antigas (**Figura 5.24d**).

As discordâncias podem ser formadas tanto por movimentos tectônicos da crosta como por variações do nível do mar e mudanças nas condições ambientais de uma região.

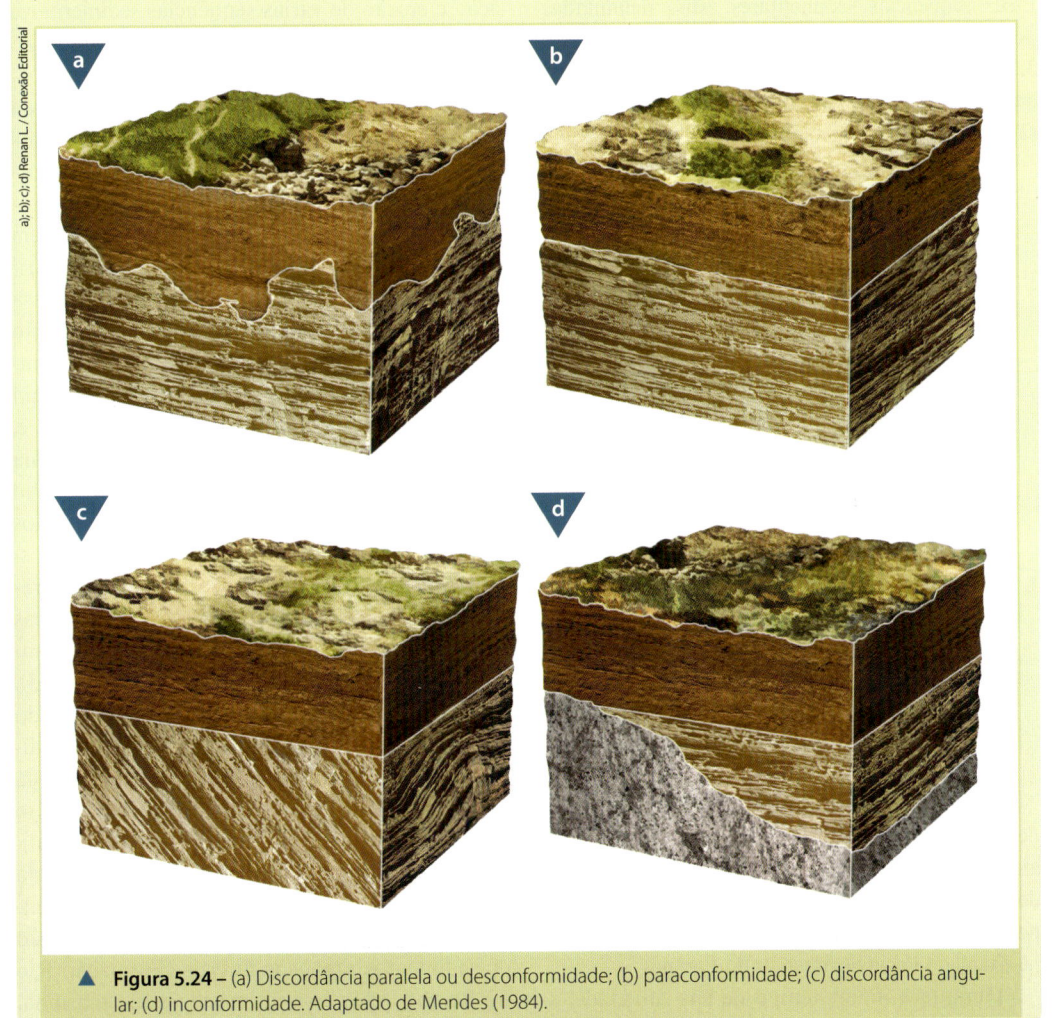

▲ **Figura 5.24** – (a) Discordância paralela ou desconformidade; (b) paraconformidade; (c) discordância angular; (d) inconformidade. Adaptado de Mendes (1984).

ORIGEM E IMPORTÂNCIA DAS ROCHAS SEDIMENTARES

Rochas sedimentares no Brasil

A inspeção de um mapa geológico do Brasil revela grandes áreas cobertas por rochas sedimentares (**Figura 5.22**) de diferentes idades. As bacias sedimentares, ocupadas por essas rochas apresentam diferentes padrões tectônicos (ver **Capítulo 7**). Nessas bacias ocorreram os processos de sedimentação que propiciaram a formação de sequências de rochas sedimentares que refletem as condições paleoambientais prevalecentes em diferentes intervalos do tempo geológico na região onde está situada cada bacia. Na história geológica das bacias sedimentares, além das sequências de rochas sedimentares, podemos encontrar rochas ígneas (plutônicas ou vulcânicas) (ver **Capítulos 2** e **3**). Essas sequências sedimentares estão delimitadas por superfícies chamadas discordâncias (**Quadro 5.3**), que marcam eventos de não deposição e/ou de erosão na bacia e são importantes para a compreensão de sua evolução geológica.

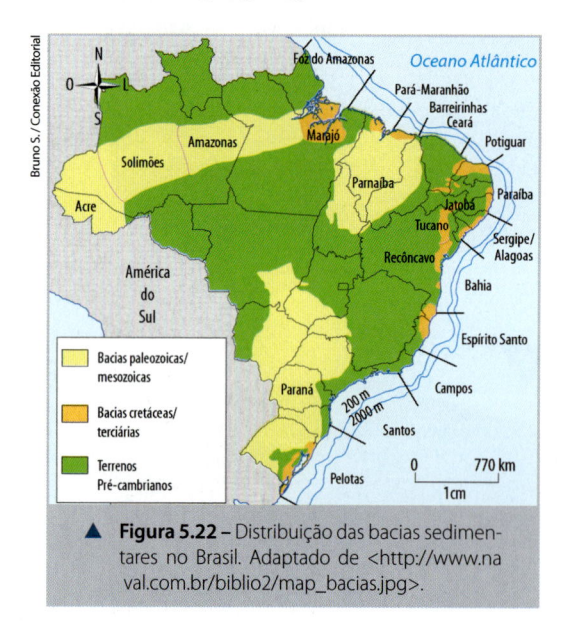

▲ **Figura 5.22** – Distribuição das bacias sedimentares no Brasil. Adaptado de <http://www.naval.com.br/biblio2/map_bacias.jpg>.

Aqui serão enfatizadas as rochas sedimentares depositadas desde cerca de 450 Ma (milhões de anos) até em torno de 50 Ma passados, nas regiões Sul, Sudeste e parte do Centro-Oeste do Brasil, bem como nos países vizinhos Paraguai, Uruguai e Argentina, na chamada Bacia Sedimentar do Paraná.

Durante o maior tempo de sua atividade, a Bacia Sedimentar do Paraná evoluiu dentro de um supercontinente preexistente, denominado Gondwana. Antes da separação da América do Sul da África, esse continente passou por diferentes fases de evolução tectônica que, em algumas épocas, ao aproximar-se do Polo Sul, levou à instalação de geleiras em grande parte da área hoje pertencente à Bacia Sedimentar do Paraná. Avanços e recuos do mar que adentrava essa bacia permitiram a invasão marinha por onde hoje existe a Cordilheira dos Andes. Além das mudanças paleoambientais, a bacia foi submetida a eventos tectônicos, que ocorriam principalmente na borda oeste do Gondwana. Essas variações paleoambientais e tectônicas permitiram a deposição e erosão de várias sequências sedimentares que, muitas vezes, se tornaram descontínuas ao longo da bacia.

Na base da sequência sedimentar (início da coluna estratigráfica), são encontrados arenitos com idade de aproximadamente 450 Ma (Formação Alto Garças). Essas rochas possuem granulação em geral grossa e foram depositadas em ambiente entre continental, transicional a marinho. Com o aumento do nível dos oceanos, essa sequência termina com sedimentos da Formação Vila Maria de ambiente marinho mais profundo. Eventos tectônicos afetam a bacia e geram uma superfície de erosão sobre essas rochas e, posteriormente, ocorre a repetição de mais uma sequência continental que passa para marinho (formações Furnas e Ponta Grossa). Em vários locais da bacia (São Paulo, Paraná, Mato Grosso, por exemplo), a Formação Furnas encontra-se assentada diretamente sobre as rochas ígneas e metamórficas mais antigas, que servem de embasamento cristalino para a bacia (**Figura 5.23**). Novo evento de erosão, associado à invasão do continente por geleiras, está registrado em sedimentos do Grupo Itararé, que gradualmente dá lugar às sedimentações deltaica (Formação Rio Bonito) e marinha (formações Palermo, Irati, Serra Alta, Teresina), até que, ao final do Período Permiano (250 Ma), instalam-se novamente condições ambientais continentais, com a deposição de sedimentos arenosos fluviais (Formação Rio do Rasto). Após essa última regressão marinha, as condições de sedimentação impostas à bacia se tornam estritamente continentais, com clímax marcado por areias eólicas de dunas de desertos, que vão formar o Arenito Botucatu, que atualmente integra o Aquífero Guarani, importante reservatório subterrâneo de água potável, que abastece algumas cidades do interior paulista, como Ribeirão Preto.

As sequências de rochas que preenchem uma bacia sedimentar, como a Bacia Sedimentar do Paraná, podem variar de um local para outro, pois as condições ambientais de sedimentação nem sempre eram idênticas na totalidade da área abrangida pela bacia no mesmo momento do tempo geológico.

▲ **Figura 5.23** – Contato por inconformidade na Bacia Sedimentar do Paraná (Formação Furnas) com rochas metamórficas do embasamento (Formação Capiru).

Associada à fragmentação do Gondwana ocorrerá a formação dos atuais continentes sul-americano e africano, com a abertura do Oceano Atlântico Sul, acompanhada por extensas erupções de basalto. Nas fases finais de sedimentação na Bacia Sedimentar do Paraná, ocorre a deposição de sedimentos arenosos e carbonáticos. Com o soerguimento da Serra do Mar, a bacia deixa de ser um local de acúmulo de sedimentos e passa a ser uma área-fonte de sedimentos com a instalação da rede de drenagem atual.

Durante a abertura do Oceano Atlântico foram depositados sedimentos que atualmente preenchem as bacias que ocorrem ao longo de toda a costa brasileira. A maioria dessas bacias sedimentares está submersa e é nelas que encontramos os grandes campos petrolíferos brasileiros, como na Bacia de Campos, ao longo do Rio de Janeiro e Espírito Santo, e as camadas do pré-sal na Bacia de Santos, nas costas do Rio de Janeiro, São Paulo, Paraná e Santa Catarina.

Revisão de conceitos

Atividades

1. Quais são os tipos de rochas sedimentares baseados nos processos de sua formação?
2. O que é escala granulométrica?
3. Como as rochas sedimentares clásticas podem ser classificadas?
4. Qual é a diferença entre os conceitos de esfericidade e arredondamento dos grãos?
5. O que são estruturas sedimentares singenéticas e epigenéticas? Cite exemplos.
6. Qual é a importância das rochas sedimentares no estudo da história geológica da Terra?

▶ **Experiência para formação de estalactites e estalagmites**

Materiais: dois copos americanos, fio de lã (~ 30 cm de comprimento), clipe, bicarbonato de sódio, água e pires.

Aqueça água suficiente para encher dois copos. Adicione neles o bicarbonato até não conseguir mais dissolvê-lo. Prenda um clipe e em cada extremidade do fio de lã e mergulhe-os respectivamente em cada um dos copos, deixando um espaço de aproximadamente 20 cm entre eles, de modo que o fio de lã fique um pouco folgado (não deixe o fio esticado). Coloque o pires entre os copos e, abaixo do fio de lã, deixe um espaço de aproximadamente 5 cm de altura entre o pires e o fio de lã. Deixe o experimento em local protegido da luz solar e observe, dentro de alguns dias, o surgimento de pequenas estalactites e estalagmites sobre o pires.

▶ **Analisando sedimentos:**

Recolha vários tipos de amostras de solos ou de areias de construção civil. Com uma lupa examine a composição em diferentes tamanhos de grãos de cada amostra e tente estimar suas medidas por comparação visual. Analise o arredondamento e a esfericidade dos grãos em cada amostra e tente classificá-los quanto à maturidade (seleções granulométrica e mineralógica).

GLOSSÁRIO

Acamamento ou acamadamento (estratificação): É uma das feições mais características das rochas sedimentares e designa o plano de separação de camadas adjacentes (em rochas sedimentares ou ígneas), reconhecido facilmente na escala de afloramento.

Arcabouço (sedimentar): Elementos básicos que compõem uma rocha sedimentar, como os grãos, a matriz e o cimento.

Argilito: Rocha sedimentar, geralmente de origem detrítica, constituída essencialmente de minerais argilosos com diâmetro inferior a 0,004 mm, ocorrendo ainda em proporções menores outros minerais como quartzo, óxidos e hidróxidos de ferro e, eventualmente, hidróxidos de alumínio, carbonato e sulfato de cálcio etc. É comum a presença de proporções menores de partículas de dimensão do silte.

Arredondamento: Quantidade de arestas que um grão apresenta na superfície. O grão pode ser classificado de anguloso a arredondado.

Bacia sedimentar: Locais da crosta terrestre propícios ao acúmulo de sedimentos. Local de formação das rochas sedimentares.

Bioestratificações: Planos com espessuras maiores que 2 cm por causa do acúmulo de partículas geradas pela atividade de organismos.

Bioturbação: Perturbação dos sedimentos pela ação de organismos que pode destruir as estruturas sedimentares originais.

Bloco (ou calhau): Fragmentos sedimentares com diâmetro entre 64 e 256 mm.

Brecha sedimentar: Rocha sedimentar caracterizada pelo predomínio de clastos com diâmetro maior que 2 mm angulosos e com pouca matriz.

Cabeceira: Região situada na nascente do rio.

Calcário: Denominação geral para grupo de rochas sedimentares compostas essencialmente por carbonato de cálcio.

Cimentação: Conjunto de processos associados a fluidos que percolam os poros entre os sedimentos auxiliando na litificação dos sedimentos transformando-os em rochas sedimentares.

Clásticos: Composto por clastos (fragmentos).

Clastos: Fragmentos, grãos.

Conglomerado: Rocha sedimentar composta predominantemente por fragmentos com diâmetro maior que 2 mm.

Desconformidade (discordância paralela): Discordância de forma irregular que separa estratos paralelos acima (mais novos) e abaixo (mais antigos).

Diagênese: Conjunto de processos responsáveis pela litificação (endurecimento) dos fragmentos para formação das rochas sedimentares.

Discordância angular: Superfície (discordância) que separa estratos mais jovens, em geral sub-horizontais, que repousam sobre estratos mais antigos inclinados.

Dobras convolutas: Deformação do acamamento, estratificação ou laminação das rochas sedimentares causada por processos de origem não tectônica, enquanto a diagênese não litificou totalmente os sedimentos.

Epigenética: Relaciona-se à formação de estruturas sedimentares após o início da litificação dos sedimentos.

Erosão: Processo por meio do qual as rochas sofrem desintegração mecânica ou química, gerando partículas.

Esfericidade: Grau de semelhança do grão com uma esfera perfeita.

Espeleotema: Qualquer depósito mineral originado em cavernas. Os mais comuns são as estalactites e as estalagmites.

Estalactite: Depósito mineral formado em cavernas, a partir do teto em direção à base.

Estalagmite: Depósito mineral formado em cavernas, a partir da base em direção ao teto.

Estratificação: Superfícies superpostas de acúmulo de sedimentos com espessura maior que 2 cm diferenciadas pela granulometria, composição, forma e estruturas sedimentares. Acamamento.

Fácies sedimentar: Corpo sedimentar com características particulares (como composição, forma, granulometria, composição e estruturas sedimentares) que o diferem de outros corpos adjacentes.

Foz: Região do rio situada a jusante (onde o rio termina, desemboca).

Gondwana: Um dos dois supercontinentes que faziam parte do supercontinente Pangea. Formado no Neoproterozoico (~ 600 Ma) e fragmentado a partir do Jurássico (~ 180 Ma).

Grânulo: Fragmento sedimentar, geralmente clástico, com diâmetro entre 2 e 4 mm.

Granulometria: Diâmetro dos fragmentos que compõem uma rocha sedimentar.

Grau de seleção: Uniformidade de uma característica específica, como a granulometria ou a composição mineral, de uma rocha sedimentar.

Gretas de contração (ou de ressecamento): São formadas em sedimentos finos (argilosos) como resultado da liberação da água durante sua exposição subaérea. Formam-se rachaduras (fraturas) que apresentam em planta fraturas com formato poligonal, muitas vezes preenchidas por sedimentos arenosos.

Hidroplástico: Propriedade dos sedimentos finos quando apresentam muita água nos poros, permitindo a deformação plástica do material.

Imaturo: Índice que indica baixa seleção granulométrica e mineralógica nas rochas sedimentares.

Inconformidade: Discordância que separa rochas sedimentares depositadas sobre rochas ígneas ou metamórficas mais antigas.

Intemperismo: Processo responsável pela alteração das rochas gerando partículas e componentes químicos dissolvidos na água. Pode ser químico ou físico.

Laminação: Conjunto de alternância de materiais sedimentares com espessura menor que 2 cm.

Lamito: Rocha sedimentar argilosa, geralmente maciça, com contribuição em torno de 20% de silte.

Litificação: Processos de transformação do sedimento em rocha.

Marcas de impacto das gotas de chuva (marcas de chuva): Pequenas crateras circulares causadas em rochas sedimentares pelo impacto de gotas de chuva.

Marcas onduladas: Estrutura sedimentar gerada pela ação do vento ou da água formando ondulações no sedimento.

Matacão: Fragmentos sedimentares com diâmetro superior a 256 mm.

Matriz: Corresponde aos grãos menores que um agregado sedimentar (rocha ou depósito sedimentar inconsolidado).

Maturidade composicional (maturidade mineralógica ou mineralogicamente matura): Grau de uniformidade em relação à composição litológica da rocha sedimentar, considerando a relação entre minerais estáveis (quartzo) e instáveis (argilominerais).

Maturidade textural: Grau de uniformidade em relação à dispersão granulométrica, ao arredondamento e à esfericidade dos fragmentos que compõem a rocha sedimentar.

Paraconformidade: Quando a discordância é paralela aos estratos acima (mais novos) e abaixo (mais antigos).

pH: Significa "potencial hidrogeniônico" e traduz a concentração de íons de Hidrogênio (H+) presentes em uma solução. É definido como o logaritmo negativo, na base 10, e varia de 0 a 14. Uma solução ácida possui pH inferior a 7, e uma básica, pH acima de 7.

Porosidade primária (ou porosidade original): Quantidade de espaços vazios entre os sedimentos de uma rocha sedimentar na época de sua formação.

Porosidade secundária: Quantidade de espaços vazios gerados pela ação dos processos de diagênese na rocha sedimentar. A porosidade secundária pode ser menor que a porosidade primária, quando ocorre precipitação de cimento nos poros originais, ou ser maior, quando fluidos dissolvem partículas instáveis da rocha sedimentar original.

Ritmito: Rocha sedimentar caracterizada pela alternância de dois ou mais tipos litológicos.

Rocha-fonte: Rocha, submetida aos processos de intemperismo físico e químico, que fornece material para sedimentação.

Sedimentos: Partículas, geradas pelo intemperismo da rocha-fonte, que são transportadas e depositadas nas bacias de sedimentação. Fragmentos, partículas ou clastos.

Siltito: Rocha sedimentar clástica de granulação muito fina, constituída essencialmente por partículas com diâmetro entre 0,004 e 0,062 mm, contendo quantidades menores de outros minerais como quartzo, feldspato, mica etc. É comum a presença de proporções menores de partículas de dimensão da argila.

Singenéticas: Estruturas sedimentares formadas ao mesmo tempo da deposição dos sedimentos, ou seja, são contemporâneas aos processos de sedimentação.

Supercontinente: Grande agrupamento de massas continentais gerado durante processos de fusão ao longo de ciclos tectônicos.

Turbidez: Processo de transporte subaquoso de sedimentos por correntes que apresentam densidade maior que a água circundante.

Referências bibliográficas

MENDES, J. CAMARGO. *Elementos de Estratigrafia*. São Paulo: Edusp, 1984. 566p.

PRESS, F. et al. *Para entender a Terra*. Porto Alegre: Bookman, 2006. p. 195-225

SHEPARD, F.P. Nomenclature Based on Sand-Silt-Clay Ratios. *Journal of Sedimentary Research*, vol. 24, 151-158, 1954.

SUGUIO, K. *Geologia sedimentar*. São Paulo: Edgard Blücher Ltda., 2003. 400 p.

_____. *Dicionário de Geologia Sedimentar e áreas afins*. Rio de Janeiro: Bertrand Brasil, 1998. 1217p.

TEIXEIRA, W. et al. (Orgs.). *Decifrando a Terra*. São Paulo: Oficina de Textos, 2000. p.139-190; p. 285-304.

WENTWORTH, C.K. A Scale of Grade and Class Terms for Clastic Sediments. *Journal of Geology*, vol. 30, p. 377-392. 1922.

CAPÍTULO 6
Origem, formação e origem das rochas metamórficas
Maria da Glória Motta Garcia e Rômulo Machado

Principais conceitos

▶ Denomina-se metamorfismo o conjunto de processos naturais que ocorrem no estado sólido e promovem a transformação de uma rocha em outra com características estruturais, texturais e/ou composicionais (mineralógica e química) diferentes da rocha anterior.

▶ O protólito (do grego: *proto* = primeiro e *lithos* = rocha) é a rocha a partir da qual se originou a rocha metamórfica. A identificação de sua natureza é de grande importância nos estudos geológicos.

▶ O gradiente geotérmico é o aumento de temperatura (expresso em graus centígrados) por quilômetro à medida que se aprofunda verticalmente no interior da Terra. Esse gradiente varia em função do ambiente tectônico. Há gradientes considerados normais, entre 20 e 30 °C/km, ou anômalos, entre 80 a 100 °C/km.

▶ A pressão litostática (ou confinante) é a pressão exercida pelo peso das rochas situadas acima de outra rocha, que se encontra em profundidade. Esse tipo de pressão promove a redução de volume das rochas e seu consequente aumento de densidade, mas não afeta significativamente a forma dos corpos rochosos.

▶ A pressão dirigida é a pressão cuja intensidade varia de acordo com a orientação dos esforços, ou seja, ela é maior em uma determinada direção do que em outra e produz deformação nas rochas. Em escala global, esse tipo de pressão é produzido pela movimentação das placas litosféricas.

▶ A foliação é o arranjo orientado (planar) das rochas, definido pela disposição espacial de minerais placoides (micas, talco) ou prismáticos (anfibólios e piroxênios).

▲ Migmatito, uma rocha híbrida, onde se observa uma porção escura mais antiga (paleossoma), metamórfica, bandada e uma porção clara mais nova (neossoma), de granulação mais grossa, que corta a porção anterior e foi formada pela cristalização a partir de uma fase líquida, oriunda da fusão parcial *in situ* de material anterior, o paleossoma.

Introdução

A Terra é um corpo celeste dinâmico em permanente transformação. Rochas que hoje se encontram na superfície estiveram no passado em profundidade e vice-versa, de forma análoga ao que ocorre em uma gangorra. Vimos que a pressão e a temperatura aumentam com a profundidade e o aumento desta última é conhecido como grau geotérmico. Vimos também que há regiões do planeta com fluxo térmico mais elevado do que outras, particularmente nas áreas orogênicas modernas (mesozoico-cenozoicas) e nas cadeias mesoceânicas. Sabe-se que o principal agente dos processos metamórficos é o calor interno da Terra e as regiões mais propícias para isso situam-se nos limites de placas convergentes, onde são formados os cinturões orogênicos ou as grandes cadeias de montanhas, como Andes, Urais, Himalaias, Pirineus, Atlas, ou mesmo nas regiões de arcos de ilha como o Japão. Nessas regiões, os sedimentos previamente depositados nas fossas ou trincheiras são levados por subducção para níveis sucessivamente mais profundos na crosta, onde são modificados pela ação combinada de fatores como temperatura, pressão e presença de fluidos e transformados em rochas metamórficas. Essas transformações ocorrem no estado sólido e são controladas pelas condições físico-químicas reinantes, que promovem mudanças parciais ou completas da textura, estrutura e composições mineralógica e química das rochas. O conjunto de processos responsáveis por essas transformações é denominado metamorfismo, que é uma palavra derivada do grego *meta* (transformação) e *morphos* (forma), que significa "mudar de forma".

A ciência da Terra que estuda as transformações das rochas no estado sólido, ou predominantemente sólido, denomina-se Petrologia Metamórfica. Ela investiga, de forma detalhada, as transformações texturais, estruturais, químicas e/ou mineralógicas ocorridas nas rochas e estabelece as relações de causa e efeito entre as transformações observadas e o processo geológico, visando definir os eventos em termos temporais, espaciais, químicos e termodinâmicos.

O campo de abrangência das rochas metamórficas é comumente visualizado em um diagrama de duas coordenadas, onde X corresponde às variações de temperatura (T) e Y, às de pressão (P) (**Figura 6.1**). O limite entre a diagênese e o metamorfismo situa-se respectivamente sob condições de T e P em torno de 250 °C e 100 MPa, enquanto o limite entre o metamorfismo e o início da fusão para granitos ocorre sob condições hidratadas ($P_{total} = P_{H20}$) – campo da anatexia – e sua transformação em magmas situa-se em T ao redor de 650 °C e P próxima de 400 MPa. Acima desses valores tem-se a curva de fusão de granitos sob condições anidras ($P_{H_2O} = 0$).

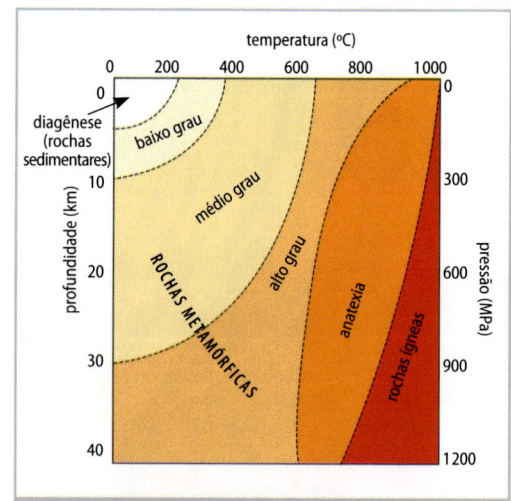

▲ **Figura 6.1** – Diagrama que mostra os campos de abrangência das rochas sedimentares, ígneas e metamórficas, conforme as condições de pressão e temperatura.

Causas do metamorfismo

As modificações que ocorrem durante o metamorfismo são controladas por vários fatores, que atuam simultaneamente sobre a rocha com maior ou menor intensidade, dependendo da sua natureza e da profundidade da crosta em que ela se encontra. Esses fatores são conhecidos como agentes do metamorfismo, sendo os principais a temperatura, a pressão e os fluidos quimicamente ativos.

Temperatura

O calor é provavelmente o agente mais importante do metamorfismo, pois fornece a energia necessária para as reações químicas, responsáveis pela formação de novos minerais e pela recristalização de minerais preexistentes. Durante o metamorfismo progressivo, por exemplo, minerais formados em temperaturas mais baixas reagem entre si e são consumidos quando a rocha é submetida a temperaturas mais elevadas, com formação de novas associações de minerais. Esse calor pode ser proveniente de regiões muito profundas, como o manto e o núcleo, por meio da desintegração de elementos químicos radioativos. A temperatura do planeta aumenta com a profundidade, ou seja, quanto mais se aprofunda no interior da Terra, mais alta será a temperatura. Essa variação na temperatura em função da profundidade é representada pelo gradiente ou grau geotérmico, que corresponde ao aumento do valor da temperatura (em graus centígrados) por cada quilômetro percorrido em profundidade (**Figura 6.2**). Na crosta, os gradientes geotérmicos variam geralmente entre 15 e 30 °C/km, ou seja, a cada quilômetro em profundidade há um aumento de 15 a 30 °C na temperatura. Dependendo da região da Terra e do ambiente tectônico, o gradiente geotérmico pode exibir valores anômalos, desde muito baixos (entre 5 e 10 °C/km, nas fossas oceânicas) até muito elevados (entre 50 e 80 °C/km, em áreas com vulcanismo ativo, como nas cadeias mesoceânicas).

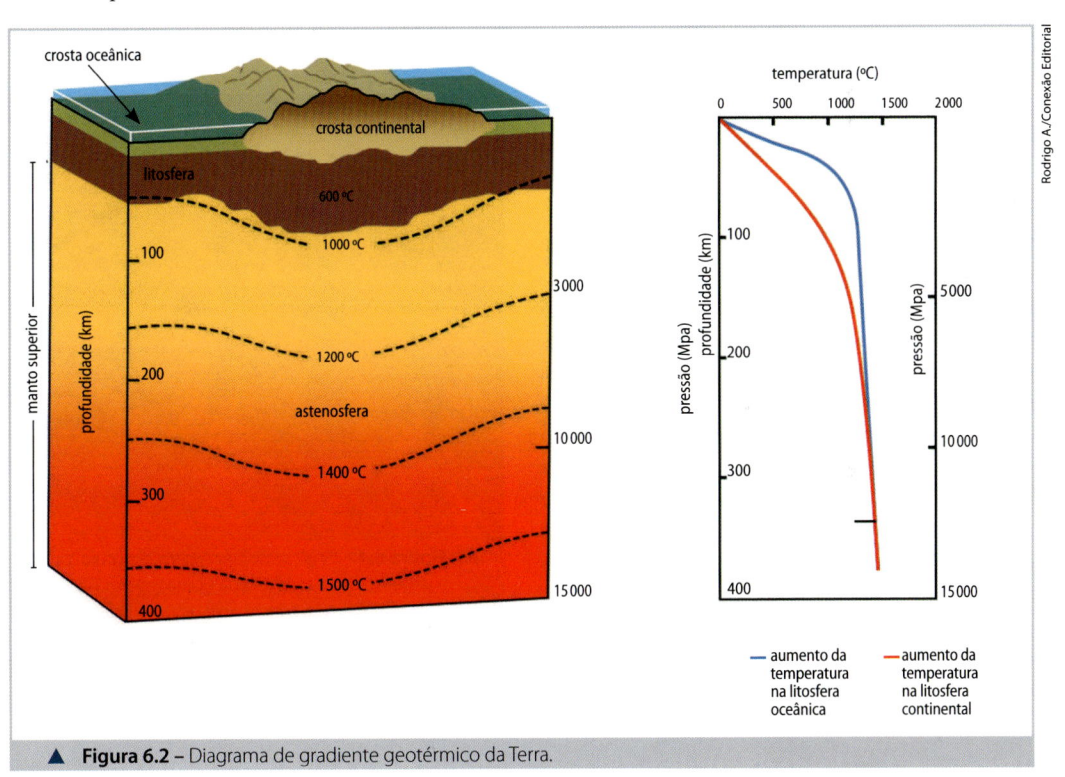

▲ **Figura 6.2** – Diagrama de gradiente geotérmico da Terra.

Pressão

Uma rocha situada na crosta terrestre pode sofrer a ação de forças que atuam de modo a comprimi-la, fazendo com que as distâncias entre seus átomos e moléculas sejam reduzidas. O conjunto dessas forças chama-se pressão. A pressão é definida como uma medida de força por unidade de área a que uma rocha foi submetida e depende da espessura da coluna de rochas sobrejacentes e também das densidades dessas rochas. As pressões que atuam sobre uma rocha na crosta podem ser de dois tipos: pressão litostática ou confinante e pressão dirigida, anisotrópica ou diferencial (**Figura 6.3**).

Figura 6.3 – Efeitos das pressões litostática e dirigida ou tensão nas rochas. (a) Pressão igual em todas as faces do bloco. (b) Pressão diferente em todas as faces do bloco.

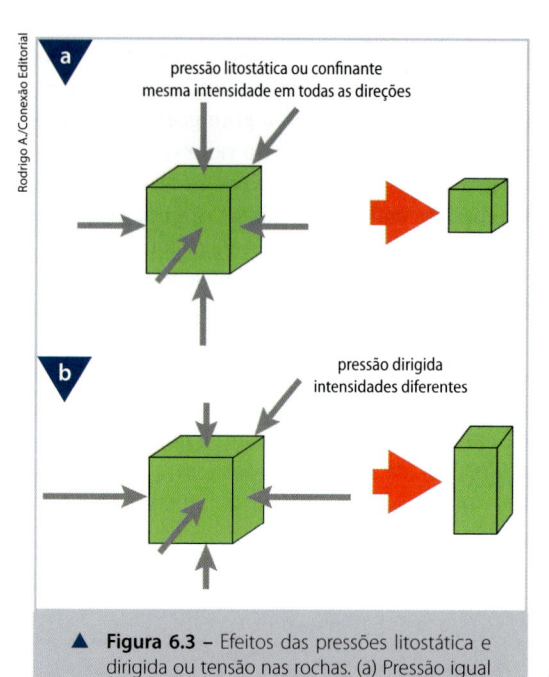

A pressão litostática ou confinante é a pressão total atuante em um determinado ponto da crosta em função do peso exercido pelas rochas sobrejacentes. Esse tipo de pressão é semelhante à pressão hidrostática exercida sobre um corpo mergulhado na água, de forma análoga quando se comprime uma rocha de maneira uniforme, seja qual for a direção considerada. Assim como a temperatura, a pressão confinante aumenta com a profundidade e resulta na redução de volume e no aumento da densidade das rochas. A intensidade da pressão litostática é função da pressão de carga exercida pelas rochas sobrejacentes e sua densidade pode ser calculada a partir da equação $\rho g p$, onde ρ é a densidade média das rochas sobrejacentes, g é a aceleração da gravidade e p é a profundidade.

A pressão dirigida, ou tensão anisotrópica, ao contrário da pressão confinante, é maior em algumas direções do que em outras. A pressão dirigida pode ser definida como o esforço (*stress*) ou tensão atuante em determinado sentido (vetor), que é responsável pela deformação das rochas e pelo desenvolvimento de estruturas normalmente orientadas e foliadas, como as encontradas nos xistos e gnaisses (**Figura 6.4**). Por causa da sua heterogeneidade, gera mudanças não apenas de volume, mas também de forma das rochas e influi na sua textura e estrutura. Minerais com hábitos prismáticos ou planares, como os anfibólios ou as micas, cristalizam-se orientados segundo uma direção que é perpendicular à direção de máxima pressão. Esse tipo de pressão acompanha o processo de evolução de cadeias de montanhas e encontra-se diretamente relacionada à dinâmica das placas litosféricas.

Figura 6.4 – Gnaisse dobrado com estrutura fortemente orientada. As bandas claras, de granulação mais grossa, são constituídas essencialmente por feldspato e quartzo e as mais escuras, de granulação mais fina, são ricas em minerais máficos (biotita e anfibólio). Região dos Caledonides, sul da Noruega.

Quadro 6.1 – Unidades utilizadas em Geologia para exprimir a pressão

Em Geologia, a pressão é normalmente expressa em bária (bar) ou quilobária (kbar), ou, alternativamente, em Pascal (Pa) ou Megapascal (MPa). Uma bária de pressão equivale a 10^5 Pa ou 10^6 dinas/cm^2, enquanto 1 MPa equivale a 10^{-2} kbars. A dina é a força necessária para causar uma aceleração de 1 cm · seg^{-2} a uma massa de 1 g. A pressão atmosférica normal na superfície da Terra (onde vivemos) é de 1 Atm (~ 1 bar). Em regiões profundas da crosta (30-40 km), as rochas estão submetidas a pressões confinantes da ordem de 8 a 12 kbars, ou seja, cerca de 8000 a 12000 vezes maiores do que a pressão atmosférica. Imagine a pressão exercida sobre as rochas nessas profundidades.

Fluidos

Os fluidos, constituídos principalmente por H_2O e CO_2, desempenham um papel importante nas transformações mineralógicas que ocorrem durante o metamorfismo, pois auxiliam nas reações químicas. Esses fluidos contêm normalmente diversos elementos químicos como íons em solução, de maneira semelhante ao sal de cozinha dissolvido na água.

Nas rochas sedimentares, a água pode ocupar poros e fraturas, estar absorvida na superfície dos grãos ou, ainda, fazer parte da estrutura cristalina de minerais hidratados (argilominerais ou minerais de argila, micas e anfibólios). Durante o metamorfismo, que se desenvolve essencialmente em estado sólido, a água circula através da rocha e tende a ser expelida do sistema tanto por meio da desidratação dos minerais como pela redução dos espaços porosos em consequência do soterramento a grandes profundidades (campo de ação da pressão confinante). Por essa razão, as rochas geradas em grandes profundidades, como os granulitos, têm composições normalmente anidras e o escape dos fluidos ocorre quando a pressão de fluidos (P_f) é maior do que a pressão litostática (P_l). Caso contrário ($P_f < P_l$), a perda de fluidos torna-se possível apenas localmente por meio de fraturas eventualmente presentes na rocha. Adicionalmente, defeitos na estrutura cristalina dos minerais também podem promover o aprisionamento da fase fluida durante o metamorfismo.

Os fluidos também exercem um papel importante no metamorfismo retrógrado ou retrometamorfismo, que ocorre quando as condições de pressão e temperatura diminuem, como é o caso do soerguimento de cadeias de montanhas e sua consequente exposição na superfície da Terra de rochas formadas em regiões profundas da crosta. O aporte de fluidos se torna gradualmente mais intenso à medida que a rocha é alçada à superfície e sua presença pode causar a hidratação de determinados minerais, a redução do ponto de fusão de magmas e o preenchimento de fissuras nas rochas por precipitação de componentes solúveis.

Além de temperatura, pressão e presença de fluidos, outros fatores também são importantes no metamorfismo. Um deles é o tempo, que está relacionado à razão entre as velocidades com que ocorrem as reações químicas e as mudanças nas condições metamórficas. Se as reações ocorrem de forma lenta em relação às variações de pressão e temperatura não haverá tempo para que elas se completem. Por outro lado, se essas reações forem muito rápidas, podem se completar antes que haja mudanças nessas condições.

Outro fator importante no metamorfismo é a composição do protólito, que, em muitos casos, pode ser determinante no controle das mudanças promovidas na rocha original. Um arenito, por exemplo, que é uma rocha sedimentar constituída essencialmente de quartzo (SiO_2), uma vez submetida a condições de temperatura e pressão maiores do que aquelas em que ela foi formada, desenvolverá texturas típicas das novas temperaturas e pressões, mas não formará novos minerais por causa de sua composição química simples. Porém, se essas mesmas pressões e temperaturas forem impostas a um argilito, que é uma rocha sedimentar constituída essencialmente por minerais de argila (ou argilominerais) de composição química mais variada, os elementos químicos presentes podem reagir entre si e formar novos minerais.

Mudanças provocadas pelo metamorfismo

Da mesma forma que, ao mudarmos de cidade, temos que nos adaptar ao novo ambiente (vizinhos, amigos, professores e colegas de trabalho), a rocha, ao ter sua posição original modificada, também precisa adaptar-se à nova situação. Esse processo de adaptação causa reflexos em sua textura (modo de arranjo espacial dos grãos minerais) e em sua composição mineralógica (formação de novos minerais). Já vimos que a ação da pressão pode alterar tanto a forma e o volume externos de uma rocha como sua organização interna. Da mesma maneira, o aumento ou diminuição da temperatura pode desencadear reações que modificam a posição dos elementos químicos na estrutura cristalina dos minerais que compõem a rocha. Essas mudanças, em conjunto, fazem com que ela se torne diferente da rocha original, ou seja, de seu protólito.

As principais modificações que podem ocorrer em uma rocha submetida ao metamorfismo são texturais e mineralógicas. As mudanças texturais são as que modificam a forma dos minerais e a maneira como eles estão distribuídos na rocha, ou seja, sua textura. De modo geral, esse tipo de mudança está essencialmente relacionado às variações na pressão que, atuando com maior intensidade em uma direção do que em outra, gera planos de heterogeneidade na rocha denominados foliações. As foliações constituem-se em uma das principais características das rochas metamórficas, sendo responsáveis por seu aspecto bandado ou foliado. As mudanças mineralógicas são caracterizadas pela formação de novos minerais e desaparecimento e/ou permanência de outros, em resposta às novas condições impostas pelo metamorfismo. Isso acontece porque cada mineral constituinte da rocha é estável em determinado intervalo de pressão e temperatura. Quando um desses fatores varia além desse intervalo, que dependerá do novo local ocupado pela rocha, esse mineral passa a ser instável e tende a desaparecer, dando lugar a outro que seja estável nas novas condições.

Quadro 6.2 – Metamorfismo de camadas arenosas e argilosas

As alterações produzidas em uma rocha que sofreu metamorfismo podem ser exemplificadas se considerarmos uma rocha sedimentar constituída por camadas alternadas de argila (argilito) e areia (arenito) (**Figura 6.5a**). Uma vez submetida a aumento isolado ou simultâneo de temperatura e pressão, normalmente por soterramento, ao atingir uma temperatura geralmente entre 150 e 200 °C, o campo da diagênese é ultrapassado e passa a se ter uma rocha metamórfica. Por causa da compactação, os espaços e poros de intercomunicação entre os grãos da rocha sedimentar são fechados por ação de processos físicos e químicos (ver **Capítulo 5**) e, já no domínio do metamorfismo, ocorrem as primeiras reações responsáveis pelo aparecimento de associações de minerais metamórficos. Nesse contexto, os minerais de argila (ou argilominerais) que compõem as camadas argilosas passam a não ser mais estáveis por causa do aumento de pressão e da temperatura e se transformam em minerais, como clorita, pirofilita, zoisita-clinozoisita e laumontita (silicatos de Al e Ca). Ao mesmo tempo, os grãos de quartzo, inicialmente mais esféricos, tornam-se mais elípticos. A consequência disso é a transformação das duas camadas sedimentares em duas camadas metamórficas, cada uma delas contendo associações mineralógicas e/ou arranjos texturais compatíveis com as novas condições impostas pelo metamorfismo.

As camadas arenosas, constituídas principalmente por quartzo, dão origem a uma rocha metamórfica chamada quartzito, enquanto as camadas argilosas se transformam em ardósia, que é uma rocha de granulação muito fina e se caracteriza por uma foliação denominada clivagem ardosiana (**Figura 6.5b**). Ao longo desses planos, a rocha pode se romper facilmente. Se a mesma rocha for submetida a pressões e temperaturas ainda mais elevadas, novas mudanças texturais e estruturais terão lugar, além da substituição da associação mineralógica já formada por outra que seja estável às novas condições físico-químicas. Os cristais finos de clorita da ardósia sofrem recristalização e se tornam maiores, enquanto outros minerais metamórficos, como biotita e andaluzita (aluminossilicato), podem ser formados como novos minerais. Esses minerais tendem a crescer paralelamente entre si na direção ortogonal à pressão exercida, gerando rochas denominadas filitos. São rochas de granulação fina e com minerais visíveis apenas com a utilização de uma lupa (**Figura 6.5c**). Sob condições um pouco mais enérgicas de metamorfismo, os minerais já são visíveis a olho nu e a rocha passa a ser denominada xisto (**Figura 6.5d**). Dependendo dos componentes químicos disponíveis na rocha original, os xistos podem conter minerais metamórficos, como granada, estaurolita, cianita etc. Durante o processo metamórfico, os grãos de quartzo que constituem as camadas quartzíticas se tornam gradualmente mais alongados, inicialmente por ação mecânica e depois por modificações intracristalinas. A formação de novos minerais, nessas camadas, somente ocorrerá se houver alguma impureza nos interstícios dos grãos.

Em condições de pressão e temperatura ainda mais altas, a troca de componentes químicos entre os minerais é intensificada, culminando com a separação dos minerais em camadas ou bandas de composições semelhantes. Esse processo é conhecido como diferenciação metamórfica e ocorre por causa das diferenças nas resistências físicas dos minerais. A rocha metamórfica resultante recebe o nome de gnaisse e tem como principal característica a presença de leitos alternados de coloração mais clara (normalmente quartzo e feldspato) e mais escura (normalmente biotita, anfibólio e/ou piroxênio), que podem ser contínuos ou descontínuos. A foliação representativa do gnaisse recebe o nome de estrutura gnáissica ou de bandamento gnáissico (**Figura 6.5e**). Os grãos de quartzo que compõem o quartzito têm sua estrutura cristalina modificada e sofrem recristalização. Quando a recristalização não é acompanhada por deformação da rocha, ela é chamada estática e gera cristais sem orientação. No entanto, quando a recristalização ocorre simultaneamente à deformação na rocha, denomina-se dinâmica e produz cristais alongados (estirados) na direção do menor esforço.

	Estrutura	Rocha
a	acamamento sedimentar camadas arenosas camadas argilosas	argilitos e arenitos intercalados
b	clivagem ardosiana cristais finos de clorita alinhados perpendicularmente à direção da maior pressão dirigida	ardósia
c	estrutura filítica os cristais de clorita (e/ou muscovita) tornam-se maiores	filito
d	xistosidade os cristais de mica (clorita e/ou muscovita) tornam-se maiores e são visíveis a olho nu outros minerais podem ser formados	xisto
e	bandamento gnáissico separação dos minerais claros (félsicos) e escuros (máficos) em faixas distintas	gnaisse

(grau metamórfico — aumenta de a para e)

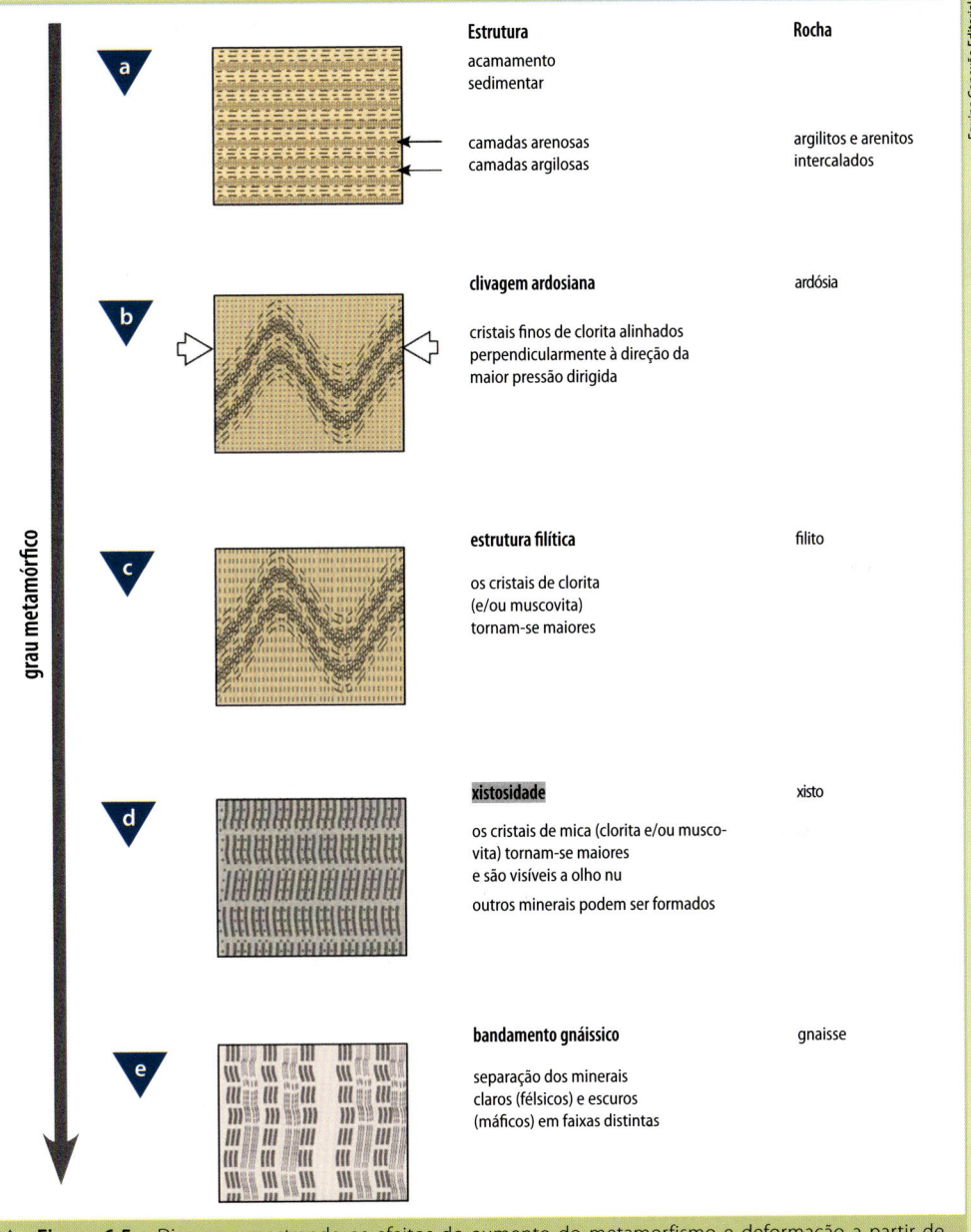

▲ **Figura 6.5** – Diagrama mostrando os efeitos do aumento do metamorfismo e deformação a partir de rocha sedimentar constituída de camadas alternadas de argilitos e arenitos. As sucessivas fases por meio das quais um folhelho impuro pode originar um gnaisse por incremento do grau metamórfico estão representadas de (a) a (e). Fonte: Disponível em: <http://csmgeo.csm.jmu.edu/geollab/fichter/metarx/metasimple.html>. Acesso em: 29 ago. 20919.

A sequência de transformações descrita no **Quadro 6.2** corresponde a um tipo de metamorfismo dominante em termos volumétricos no planeta. Contudo, ele não é o único possível. Como visto anteriormente, protólitos diferentes respondem de maneiras distintas às mesmas mudanças nas condições do metamorfismo, assim como o mesmo protólito pode dar origem a rochas diferentes se for submetido a outras condições de pressões e temperaturas. Em outras palavras, se, em vez de camadas de argilitos, houvesse intercalações de basaltos, os produtos metamórficos poderiam ser xisto verde, anfibolito e granulito. Por outro lado, se essas camadas de argilitos estivessem situadas na região da fossa (altas pressões e baixas temperaturas) ou do arco vulcânico (altas temperaturas e baixas pressões), em vez de se situar na região da placa litosférica descendente, as associações de minerais formados não seriam as mesmas. Protólitos composicionalmente simples, como arenitos e calcários puros (ver **Capítulo 5**), transformam-se, respectivamente, em rochas metamórficas denominadas quartzito e mármore, compostas essencialmente pelos mesmos minerais, mas com características texturais distintas da rocha original.

Quadro 6.3 – Migmatitos: a fronteira do metamorfismo

Os leitos ou bandas que compõem os gnaisses são compostos por minerais diferentes e possuem propriedades físico-químicas distintas. Sob condições de pressão e temperatura extremas, a rocha sofre fusão parcial, ou seja, as porções constituídas por minerais com ponto de fusão mais baixo, normalmente as mais claras, são fundidas. O resultado é a formação de material em estado fluido ou viscoso que, quando resfriado e solidificado, dá origem a uma rocha ígnea mais nova que aparece misturada à rocha metamórfica mais antiga (que permaneceu sólida). A rocha mista (ou híbrida) resultante, composta por duas porções de rocha, uma ígnea (neossoma) e outra metamórfica (paleossoma), denomina-se migmatito (**Figura 6.6**). Assim, o migmatito situa-se no limite entre os campos de estabilidade das rochas metamórficas e ígneas.

Os processos de fusão responsáveis pela geração das rochas migmatíticas ocorrem em intervalos de temperaturas que variam principalmente em função da pressão de água (P_{H_2O}). Sistemas hidratados, caracterizados por volumes consideráveis de fluidos – como rochas sedimentares derivadas de sedimentos ricos em argila (argilitos, siltitos ou folhelhos) e denominados genericamente sedimentos pelíticos, possuem pontos de fusão mais baixos do que os sistemas anidros. Por exemplo, um aumento da P_{H_2O} de 2000 bars para 4000 bars, sem variação significativa da temperatura (por exemplo, 700 °C para 680 °C), gera um aumento da taxa de fusão e faz com que o material adquira caráter totalmente ígneo (fusão total) e se transforme em rocha magmática.

▲ **Figura 6.6** – Migmatito com bandas escuras, de composição básica/intermediária (paleossoma), e bandas claras, de composição granítica (neossoma). Praia de Boiçucanga, São Sebastião (SP).

O desenvolvimento de foliação não é a única mudança estrutural e textural que pode ocorrer durante o metamorfismo. Rochas submetidas, por exemplo, à pressão confinante, isto é, igual pressão em todos os sentidos, ou a metamorfismo de contato, têm seus minerais recristalizados e formam grandes cristais com arranjo geométrico estável e exibem um aspecto maciço. Esse tipo de textura denomina-se granoblástica (Figura 6.7).

▲ **Figura 6.7** – (a) Granulito com estrutura levemente bandada em escala de afloramento, exibindo alternância de bandas claras (ricas em feldspatos e quartzo) e escuras (ricas em plagioclásio, anfibólio e piroxênio), e (b) granulito com textura granoblástica em escala de lâmina delgada, onde predominam limites retos entre os minerais. Região de Tete, Moçambique (a); e Itaperuna, norte do estado do Rio de Janeiro (b).

a) Rômulo Machado; b) Tiago da Rocha Karniol

Medindo a intensidade do metamorfismo

A intensidade com que as mudanças texturais e mineralógicas ocorrem depende das condições metamórficas às quais a rocha foi submetida e por quanto tempo. Em geral, para cada determinado intervalo de pressão e temperatura, existem associações mineralógicas e texturais típicas, cuja identificação auxilia na reconstrução da história metamórfica da rocha. Tentativas de sistematização das diferentes características têm sido realizadas desde o século XIX, quando um grupo de cientistas alemães e suíços definiu zonas com profundidades gradualmente maiores, denominadas epizona, mesozona e catazona, caracterizadas por metamorfismo e deformação com intensidades crescentes, nesta ordem. Atualmente, as descrições das condições metamórficas que afetam as rochas são feitas geralmente com base em conceitos de graus metamórficos ou fácies metamórfica, que são distintos e complementares. O termo grau metamórfico pode ser definido como uma escala de medida da intensidade do metamorfismo, ou seja, quanto uma rocha foi modificada a partir de um determinado protólito. Estabelecidos principalmente com base em temperaturas, os graus metamórficos podem ser divididos em baixo, médio e alto.

No final do século XIX, o escocês George Barrow estudou a geologia da região das Terras Altas (*Highlands*), na Escócia. Ao realizar vários perfis ao longo das sequências de rochas notou que alguns minerais desapareciam, enquanto outros apareciam em outros locais. Ao examinar as rochas que compunham cada uma dessas sequências, Barrow verificou que os minerais componentes foram formados sob condições de pressão e temperatura gradativamente maiores. Isso o levou a definir os minerais-índice de metamorfimo que, no metamorfismo progressivo de rochas pelíticas, aparecem na seguinte ordem: clorita-biotita-granada (composição almandina) -estaurolita-cianita-sillimanita. A linha que define o primeiro aparecimento no terreno de cada novo mineral-índice foi denominada isógrada. Com isso, foi possível separar zonas metamórficas distintas, dispostas de forma mais ou menos paralelas em mapa (**Figura 6.8**). Cada zona metamórfica recebe o nome da isógrada anterior. Com o aumento do metamorfismo, alguns minerais-índice são consumidos parcial ou totalmente nas zonas seguintes, como a clorita, que é geralmente estável ao longo da zona da biotita, mas desaparece quando entra na zona da granada. Por outro lado, outros minerais-índice, a exemplo da biotita podem persistir até as zonas da estaurolita e da sillimanita. Esse tipo de metamorfismo, caracterizado por pressões e temperaturas médias, é denominado barroviano e é responsável pela formação da maior parte das rochas metamórficas. Na década de 1920, com base nas linhas que separavam cada uma das zonas metamórficas, Christopher Tilley desenvolveu o conceito de isógrada, que significa "igual grau". Em 1939, a partir da observação de que determinadas associações minerais encontradas nas rochas metamórficas são formadas sob condições de pressão e temperatura específicas, Pennti Eskola propôs o conceito de fácies metamórfica. A delimitação dos campos em diagramas $P \times T$ criou uma maneira alternativa de definir as condições do metamorfismo no qual uma rocha foi formada.

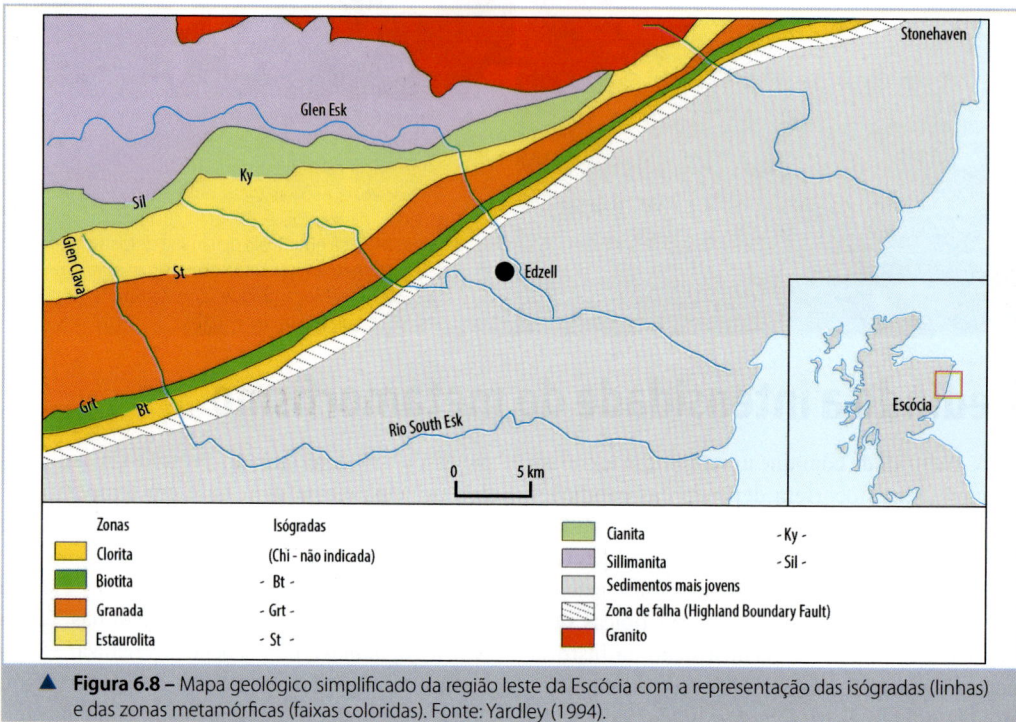

▲ **Figura 6.8** – Mapa geológico simplificado da região leste da Escócia com a representação das isógradas (linhas) e das zonas metamórficas (faixas coloridas). Fonte: Yardley (1994).

Tipos de metamorfismo

Durante a preparação de uma receita culinária verifica-se que, a partir dos mesmos ingredientes, pode-se variar suas proporções, os modos e as ordens de combinação para chegar a produtos finais distintos, tanto na preparação de um bolo como na de uma panqueca. De forma análoga, as variações na temperatura e na pressão, na quantidade e na natureza dos fluidos e no tempo de duração dos processos metamórficos podem resultar na formação de rochas metamórficas distintas, mesmo a partir de um mesmo protólito.

Em geral, o metamorfismo pode ser classificado com base em diversos critérios, mas a classificação mais comumente utilizada leva em conta o ambiente geológico predominante, cada um deles caracterizado por condições distintas de pressão e temperatura (**Figura 6.9**). Os processos metamórficos podem atingir desde áreas restritas, com dimensões de alguns poucos centímetros, até extensas faixas de centenas a milhares de quilômetros de comprimento e cuja profundidade pode atingir toda a crosta (**Figura 6.9**).

Metamorfismo regional

Esse tipo de metamorfismo atinge extensas regiões e grandes profundidades da crosta, sendo responsável pela produção da maior parte das rochas metamórficas conhecidas na Terra. Está normalmente relacionado com cinturões orogênicos nos limites de placas convergentes. Nessas regiões, a pressão dirigida está relacionada com o movimento das placas litosféricas e sua atuação é responsável pela geração de foliações e dobras nas rochas metamórficas. Essas estruturas são formadas em regiões profundas da crosta e depois exumadas até a superfície, quando então podem ser observadas. Para que isso ocorra, há necessidade de remoção de espessa coluna de rocha sobrejacente, que constitui uma prova da atuação conjunta de processos tectônicos e erosivos.

Apesar das variações físico-químicas existentes, em uma zona de subducção, são geralmente consideradas três situações metamórficas principais (**Figura 6.9**):

Metamorfismo de temperatura e pressões médias a altas:
▶ Situado na região onde as rochas da placa descendente são fundidas. Como esses fatores estão diretamente relacionados à profundidade, o avanço para o interior dessa região é acompanhado pelo aparecimento de novas associações minerais, estáveis nessas novas condições de temperatura e pressão.

Metamorfismo de alta temperatura e baixa pressão:
▶ Situado em profundidades menores do que a do metamorfismo anterior, resulta do aquecimento em níveis mais superficiais, produzido pela ascensão de rochas fundidas menos densas do que as adjacentes.

Metamorfismo de alta pressão e baixa temperatura:
▶ Encontrado na região próxima à fossa da zona de subducção. O grande aumento de espessura da pilha de rochas desenvolve uma pressão extremamente elevada em local distante ao de geração do magmatismo. Esse tipo de metamorfismo é explicado pela colocação de várias fatias ou "lascas tectônicas" de rochas umas sobre as outras.

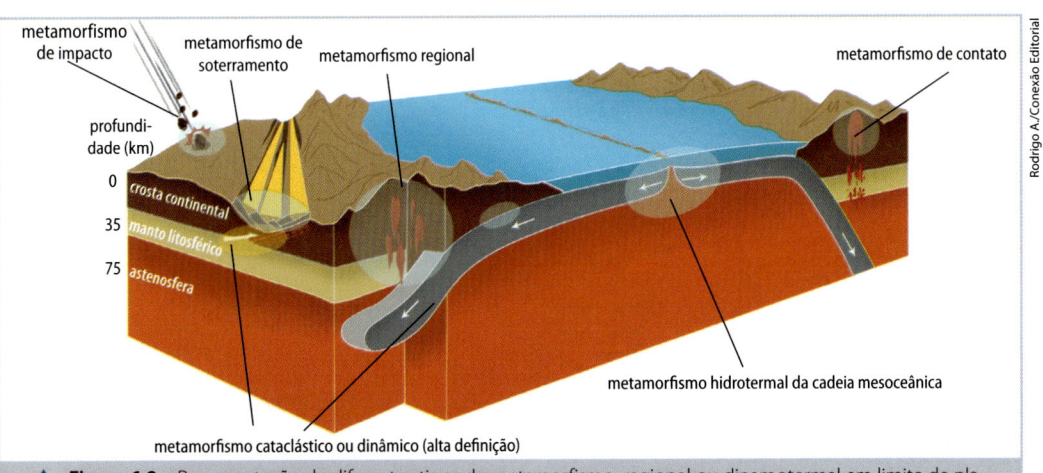

▲ **Figura 6.9** – Representação de diferentes tipos de metamorfismo: regional ou dinamotermal em limite de placas convergentes; de contato e hidrotermal; cataclástico ou dinâmico; e de fundo oceânico. Fonte: Grotzinger e Jordan (2014).

Metamorfismo de contato e hidrotermal

Este tipo metamorfismo é gerado pelo aumento de temperatura em rochas encaixantes ao redor de intrusões magmáticas. A transferência de calor da intrusão para a rocha encaixante promove o desenvolvimento de auréolas de metamorfismo de contato, cuja extensão depende do volume e natureza do magma, além das características da rocha encaixante. As maiores diferenças de gradientes térmicos são encontradas em intrusões localizadas em níveis crustais rasos (**Figura 6.9**) e as menores, em níveis crustais profundos, onde a transferência de calor para a rocha encaixante é pequena ou quase nula. Os magmas graníticos, sobretudo os ricos em fluidos, são os que produzem auréolas metamórficas mais expressivas, enquanto os magmas básicos produzem auréolas muito restritas, nem sempre perceptíveis no campo.

O metamorfismo de contato produz em geral rochas com estrutura tipicamente maciça, de aspecto isótropo e granulação fina, semelhante ao vidro vulcânico, sendo denominadas genericamente *hornfels*. Apesar da intensa recristalização dos minerais nas proximidades da intrusão, preservam-se muitas vezes vestígios de estruturas sedimentares ou metamórficas anteriores. Nas suas proximidades, onde as temperaturas são mais elevadas, são formadas associações minerais anidras (piroxênio, granada, wollastonita), enquanto nas regiões mais afastadas, onde as temperaturas são mais baixas, formam-se associações minerais geralmente hidratadas, particularmente micas.

Metamorfismo cataclástico ou dinâmico

Esse tipo de metamorfismo é usualmente mais localizado do que o metamorfismo de contato e desenvolve-se ao longo de falhas ou zonas de cisalhamento (ver **Capítulo 7**) relativamente estreitas, como consequência da intensa deformação produzida por essas estruturas (**Figura 6.9**).

Muitas vezes, seu desenvolvimento é acompanhado por extensa percolação de fluidos que podem estar ligados a intrusões magmáticas em profundidade. Muitas dessas estruturas, principalmente as de escala continental, estão associadas à dinâmica das placas litosféricas, que induzem nessas regiões pressões dirigidas de grande intensidade. Essas pressões são, por vezes, suficientemente intensas para causar ruptura e deslocamento de massas continentais. As deformações associadas ao desenvolvimento dessas estruturas são discutidas no **Capítulo 7**.

Produtos do metamorfismo dinâmico: brechas tectônicas, cataclasitos e milonitos

A deformação de uma rocha varia com a profundidade e é fortemente dependente da temperatura, que reduz sua resistência quando sujeita à deformação. Portanto, com o aumento da profundidade, as rochas tornam-se mais "amolecidas" e necessitam de tensão cada vez menor para que se deformem. Por esse motivo, pode-se dividir a deformação das rochas em dois campos: rúptil (ou frágil) e dúctil (**Figura 6.10**). O campo de deformação rúptil corresponde a regiões mais rasas da crosta (profundidades e temperaturas

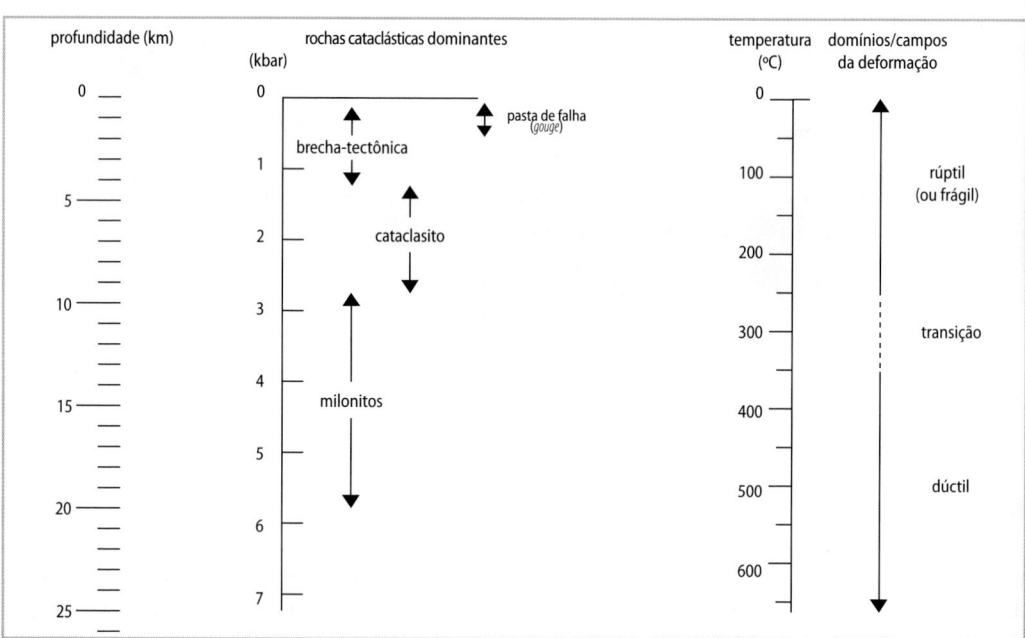

▲ **Figura 6.10** – Diagrama de classificação de rochas cataclásticas em função da profundidade. No campo rúptil ou frágil (profundidades menores do que 10 km e temperaturas inferiores a 250 °C) predominam processos de deformação envolvendo moagem e fragmentação da rocha, enquanto no campo dúctil (profundidades maiores do que 10 km e temperaturas superiores a 350 °C) predominam a recristalização e o fluxo plástico. Fonte: modificado de Sibson (1977).

inferiores, respectivamente, a 10 km e a 250 °C), onde as rochas se comportam de maneira mais rígida e predominam mecanismos de deformação que produzem fragmentação e fraturamento das rochas. Por outro lado, o campo de deformação dúctil corresponde a regiões mais profundas (profundidades e temperaturas superiores, respectivamente, a 14 km e a 350 °C), onde a deformação é acompanhada de recristalização. Em crosta continental com gradiente geotérmico normal (entre 20 a 30 °C/km), a transição do campo rúptil para o dúctil ocorre em profundidades aproximadamente entre 10 a 12 km e temperaturas entre 250 e 350 °C (**Figura 6.10**).

No campo rúptil são formados as brechas tectônicas e os cataclasitos e, no campo dúctil, os milonitos. São comuns transições entre os dois primeiros e, em geral, apresentam-se sem orientação. As brechas tectônicas formam-se em profundidades mais rasas na crosta (< 4 km) e contêm fragmentos com dimensões superiores a 5 mm (**Figura 6.11**), enquanto os cataclasitos ocorrem em profundidades maiores (4 a 10 km) e possuem fragmentos menores (< 0,2 mm), dispostos em geral em uma matriz fina argilosa com aspecto de "farinha".

Por outro lado, os milonitos são rochas foliadas, com estrutura fortemente orientada, onde é possível distinguir cristais deformados (porfiroclastos) e orientados envolvidos por uma matriz mais fina, intensamente recristalizada (**Figura 6.12**). Essas rochas são formadas sob condições extremas do metamorfismo dinâmico e ocorrem associadas a zonas de cisalhamento profundas.

▲ **Figura 6.11 –** Brecha tectônica afetando arenitos e conglomerados eopaleozoicos da Bacia do Camaquã, na região das Minas do Camaquã (RS). Os fragmentos angulosos e centimétricos (1 a 8 cm) de arenitos avermelhados estão envolvidos por uma matriz (branca) rica em carbonatos e barita. Carbonatos secundários de cobre dão cor esverdeada à rocha.

▲ **Figura 6.12 –** Biotita gnaisse com foliação milonítica fortemente orientada, contendo feldspatos lenticularizados e sigmoidais, sendo truncada localmente por outra foliação mais nova (segunda) inclinada de aproximadamente 30° para a direita da imagem, a qual pode ser identificada na parte inferior da moeda.

Outros tipos de metamorfismo

São reconhecidos ainda tipos particulares de metamorfismo relacionados a ambientes tectônicos específicos. O metamorfismo hidrotermal, por exemplo, é caracterizado por processos metassomáticos produzidos por meio da interação entre fluido e rocha, sendo sua extensão função da troca iônica controlada por fatores físico-químicos. Ocorre comumente nos arredores de intrusões graníticas ricas em fluidos, sobretudo quando existem carbonatos na rocha encaixante. As transformações minerais podem ser acompanhadas de mineralizações em W e Sn. O metamorfismo de fundo oceânico é considerado por alguns autores como um tipo particular de metamorfismo hidrotermal e desenvolve-se preferencialmente nas imediações dos riftes de cadeias mesoceânicas, onde a interação da rocha quente, gerada pela atividade ígnea, com a água do mar fria desencadeia uma série de transformações minerais associadas a processos hidrotermais e metassomáticos, sob condições de baixas pressões e temperaturas relativamente elevadas (100 a 500 °C). Esses processos produzem a transformação de minerais anidros (piroxênio e plagioclásio) em minerais hidratados (clorita, zeólitas, anfibólios e epídoto), além da remoção de elementos da água do mar (Mg, Na) para formar clorita e plagioclásio sódico. O aquecimento da água no fundo do oceano produz células de convecção que promovem a circulação da água do mar contendo íons dissolvidos e geram mudanças químicas importantes nas rochas do assoalho oceânico, incluindo transformação, remoção, substituição e precipitação de elementos. Texturas e associações minerais produzidas neste tipo de metamorfismo podem ser preservadas mesmo em rochas submetidas a processos de deformação e metamorfismo regional posteriores.

Outro tipo importante é o metamorfismo de soterramento, que pode ser considerado um tipo de metamorfismo regional, porém desenvolvido como resultado da subsidência de espessas pilhas de rochas sedimentares em regiões não orogênicas, com temperaturas mais baixas. A intensidade do metamorfismo aumenta, neste caso, com a profundidade e está diretamente relacionada à pressão litostática. Esse tipo de metamorfismo é, em geral, acompanhado por transformações metassomáticas expressivas das rochas originais, em resposta à intensa circulação de fluidos.

Existem outros tipos de classificação do metamorfismo, baseados em critérios como: o principal agente metamórfico responsável pelas mudanças na rocha (metamorfismos termal, dinâmico e dinamotermal), as eventuais modificações na composição química da rocha (metamorfismos isoquímico e metassomático), a extensão da área afetada pelo metamorfismo (regional e local), a existência de um único ou de vários eventos (mono e polimetamórfico) etc. Essas classificações são utilizadas segundo os aspectos abordados ou para enfatizar um tipo de estudo a ser realizado.

Quadro 6.4 – Estruturas de impacto na Terra

O metamorfismo de impacto (**Figuras 6.13c, d, e**) é gerado por ondas de choque produzidas pelo impacto de grandes meteoritos, que dão origem à formação de crateras meteoríticas. O calor gerado pelo impacto pode alcançar temperaturas da ordem de alguns milhares de graus centígrados (até 5000 °C) e pressões elevadas (até 1000 kbars). Estruturas de impacto são conhecidas há muito tempo em corpos planetários do Sistema Solar, a exemplo das imensas crateras observadas nas superfícies da Lua, de Vênus e de Mercúrio.

Na Terra, um dos exemplos mais notáveis de metamorfismo de impacto é o que ocorreu no Arizona, Estados Unidos da América, onde o impacto de um meteorito gerou uma cratera com cerca de 1,2 km de diâmetro. Em função do clima desértico da região, essa cratera, denominada Meteor, foi pouco modificada após sua formação. A cratera de Vredefort, situada na África do Sul, com idade ao redor de 2×10^9 Ma, é considerada a estrutura de impacto mais antiga do planeta. Possui cerca de 250 a 300 km de diâmetro. Após o choque, a parte central da estrutura subiu cerca de 38 km, expondo na superfície rochas equivalentes às do manto superior. O calor gerado no impacto promoveu a fusão de rochas graníticas, com formação de pseudotaquilitos (**Figura 6.13a**). No Brasil são conhecidas também várias estruturas de impacto, como os Domos de Vargeão (SC), Araguainha (GO) e a estrutura de Colônia (SP), ao sul da cidade de São Paulo.

A deformação local causada pelo metamorfismo de impacto é instantânea, mas extremamente intensa, promovendo a fragmentação e fraturamento das rochas e dos minerais ou a fusão parcial ou total dos mesmos, formando estruturas brechas e estruturas tipo *shatter* cones (**Figuras 6.13b, c, d, e, f**). Em alguns casos, as ondas de choque, além de produzir fragmentos de rochas (brechas), são suficientemente intensas para lançá-las para fora da cratera. Essas ondas de choque causam também mudanças mineralógicas. O quartzo, quando presente na rocha, é transformado em polimorfos de alta pressão, como coesita e estishovita ou em vidro, com densidade mais alta do que o vidro obtido pela fusão e pelo resfriamento do quartzo.

▲ **Figura 6.13** – Estruturas formadas por metamorfismo de impacto de meteoritos: (a) pseudotaquilito (escuro) formado a partir da fusão de rocha granítica (clara). Dimensões da imagem: 20 m × 15 m; (b) brecha com fragmentos de rocha vulcânica da Formação Serra Geral (mais escuro) e de arenitos eólicos (mais claro) da Formação Piramboia/Botucatu; (c) geração de veios com diferentes taxas de fusão: o mais claro com fragmentos menores de arenito e o mais escuro com fragmentos maiores principalmente de rocha básica. O contato entre eles é realçado pela linha branca tracejada. Em ambos os casos, a matriz fina (marrom) é constituída provavelmente de material fundido; (d) *Shatter* cones a partir de rochas sedimentar, (e) vulcânica e (f) metamórfica.

Importância e utilização das rochas metamórficas

As rochas metamórficas são os componentes dominantes das principais cadeias de montanhas conhecidas no mundo, como os Andes, Alpes e Himalaias, cujas origens estão relacionadas com os movimentos de placas tectônicas ao longo do tempo geológico. No Brasil, exemplos magníficos de rochas metamórficas, essas como gnaisses, são encontrados nas serras do Mar e da Mantiqueira, entre São Paulo, Minas Gerais e Rio de Janeiro, e no Pão de Açúcar e Corcovado, na cidade do Rio de Janeiro. As rochas mais antigas, com idades de aproximadamente 3,5 Ga, ocorrem no Rio Grande do Norte e na Bahia. São gnaisses muito deformados, cujos protólitos constituíam-se dominantemente de rochas ígneas intermediárias e félsicas. Além disso, sabe-se que várias espécies vegetais e animais, incluindo também o homem, tiveram sua evolução relacionada ao posicionamento dos continentes em determinados períodos. Portanto, o estudo dessas rochas é importante porque torna possível reconstruir esses movimentos e conhecer um pouco mais da história do planeta e dos seres vivos.

Em termos práticos, as rochas metamórficas têm sido utilizadas na construção civil sob a forma de brita ou como material de revestimento e de ornamentação (ardósias, quartzitos, mármores, gnaisses etc.). O templo Taj Mahal, por exemplo, localizado ao norte da Índia, foi construído inteiramente com mármore branco. A pedra-sabão, que foi usada pelo Mestre Antônio Francisco Lisboa, o Aleijadinho, para esculpir suas obras que embelezam as igrejas barrocas das cidades históricas de Minas Gerais, como Congonhas do Campo e Ouro Preto, é constituída por minerais de baixa dureza (talco e carbonatos) e foi formada pela transformação metamórfica de rochas pré-cambrianas originalmente ígneas ricas em silicatos de Mg, Fe e Ca. Vários minerais metamórficos podem ser utilizados em aplicações distintas, como talco (na fabricação de cosméticos), grafita (em lápis e lubrificantes), granada, rutilo e cianita (como gemas e abrasivos), andaluzita e sillimanita (na indústria cerâmica). Além disso, importantes depósitos minerais são formados por ação de soluções hidrotermais durante o metamorfismo de contato, como depósitos de sulfetos, ferro, estanho e ouro.

Revisão de conceitos

Atividades
1. Defina o fenômeno geológico do metamorfismo.
2. Quais são os principais agentes do metamorfismo e como atuam?
3. Quais são as principais modificações que ocorrem em uma rocha que sofre metamorfismo?
4. Descreva as características dos principais tipos de metamorfismo.

GLOSSÁRIO

Anatexia: Processo por meio do qual uma rocha começa a se fundir em virtude da atuação de altas temperaturas.

Bária (ou bar): Unidade de pressão pelo antigo sistema CGS, centímetro/grama/segundo, em que 1 bária = 1 dina/cm^2 = 1 x 10^{-6} **bar** = 0,1 pascal, esse último correspondendo à unidade usada no Sistema Internacional de Unidades (SI).

Brecha tectônica (ou de falha): Rochas formadas em zonas de falhas sob condições de deformação mecânica frágil ou rúptil (< 10 km), envolvendo quebramento e redução dos fragmentos em tamanhos menores, onde a temperatura e a pressão não são suficientemente altas para promover a recristalização e orientação das rochas.

Cadeia mesoceânica: Cadeia de montanhas lineares submersas, as mais extensas do globo (~ 65000 km), relacionadas com a expansão do assoalho oceânico.

Cataclasito: Rocha sem estrutura de fluxo, afanítica ou de matriz afanítica ou muito fina, formada em zona de falha em condições de deformação rúptil ou na transição rúptil-dúctil.

Catazona: Nível profundo da crosta, onde ocorre deformação no estado dúctil (material pastoso). Na catazona, as condições metamórficas são tão enérgicas que há fusão parcial das rochas, formando gnaisses, migmatitos e granulitos.

Cinturão orogênico: Segmento linear da crosta em escala continental formado pelo encurtamento crustal que possui um padrão estrutural (dobras e falhas), metamórfico e geocronológico (intervalo de idades característico).

Clivagem ardosiana: Superfície de fissilidade característica das ardósias, definida pela orientação paralela das micas.

Coesita: Polimorfo do quartzo (SiO_2), formado em condições de alta pressão e temperaturas relativamente elevadas (> 700 °C), indicativa de metamorfismo de ultra alta pressão.

Compactação: Processo que ocorre após a deposição de sedimentos em uma bacia, sendo responsável pela redução de porosidade da rocha e expulsão dos fluidos de seus poros.

Cristalização: Processo gerador de minerais sólidos por meio da combinação de um elemento ou composto químico.

Diagênese: Denominação dada ao conjunto das transformações químicas e físicas que ocorrem nos sedimentos e rochas sedimentares até o limite de temperatura ao redor de 200 °C e pressão de cerca de 1 kbar.

Diferenciação metamórfica: Ocorre tipicamente em condições de alto grau metamórfico, associado aos gnaisses, onde minerais instáveis se recristalizam como minerais novos mais estáveis em bandas alternadas de minerais escuros, ferro-magnesianos (biotita e anfibólio), e minerais claros (félsicos), quartzo-feldspáticos.

Dúctil: Deformação permanente de um material sem ruptura e sem perda de sua continuidade.

Epizona: Nível raso da crosta, onde predominam condições de deformação no estado rúptil (quebradiço, frágil) e o metamorfismo, embora pouco enérgico, já é suficiente para formar ardósias, filitos e xistos finos.

Esforço ou tensão (stress): Força aplicada dividida por sua área de atuação.

Estishovita: Polimorfo do quartzo (SiO_2), relacionado ao choque de meteoritos formado em condições de muita alta pressão de choque (>100 kbar ou 10 GPa) e temperaturas elevadas (> 1200 °C), indicativa de metamorfismo de ultra alta pressão.

Estruturas: São feições encontradas nas rochas (sedimentares, ígneas e metamórficas) e nos solos que fornecem informações valiosas sobre a origem destes ou daquelas. Tais feições são primárias ou secundárias: as primeiras são contemporâneas à formação da rocha ou do solo; já as últimas são posteriores.

Fácies metamórfica: Corresponde a paragêneses metamórficas similares encontradas em terrenos diferentes, porém formadas por rochas de mesma composição, que foram submetidas a metamorfismo sob condições idênticas.

Foliação: Termo genérico usado para designar qualquer superfície planar penetrativa encontrada em rochas ígneas ou metamórficas, e que se repete em todo o corpo rochoso.

Fusão parcial: Ocorre preferencialmente em níveis profundos da crosta por metamorfismo de rochas pelíticas, ricas em micas (biotita e muscovita), onde a muscovita ($KAl_3Si_3O_{10}(OH)$) é consumida na reação com o quartzo (SiO_2) e forma feldspato potássico ($KAlSi_3O_8$) mais aluminossilicato (Al_2SiO_5) e H_2O (fase fluida).

Fusão total: Ocorre em condições de temperatura superiores a 800-900 °C; formam-se, então, granitos por anatexia.

Gnaisse (estrutura gnáissica ou bandamento gnáissico): Rocha constituída essencialmente por feldspatos (> 20% em volume), quartzo e quantidades menores de micas e, eventualmente, por anfibólios, com estrutura frequentemente bandada ou com foliação gnáissica.

Granoblástica: Caracterizada por grãos mais ou menos equidimensionais e sem orientação preferencial. Esta textura é típica das rochas monominerais, como os mármores e os quartzitos.

Granulito: Rocha metamórfica de alto grau e textura granoblástica, caracterizada pela presença de hiperstênio.

Grau metamórfico: Corresponde à intensidade do metamorfismo.

Hidrotermal (metamorfismo): Metamorfismo que ocorre nas bordas de intrusões de graníticos e em regiões vulcânicas continentais e submarinas; é um importante processo de formação de depósitos minerais.

Hornfels: Rochas formadas pelo metamorfismo de contato. Caracterizam-se pela falta de orientação.

Isógrada: Linha que define no terreno o aparecimento durante o metamorfismo de minerais-índice que, para as rochas pelíticas, apresenta a seguinte ordem: clorita, biotita, granada (almandina), estaurolita, cianita e sillimanita.

Mármore: Calcário metamórfico.

Mesozona: Nível intermediário da crosta, onde as condições metamórficas são suficientemente enérgicas para formar xistos, anfibolitos e gnaisses finos.

Metamorfismo: Conjunto de processos desencadeado a partir de reações no estado sólido, que promove a transformação de uma rocha preexistente em outra, acompanhada de mudanças de estrutura, textura e composição (mineralógica e química).

Metamorfismo de contato: Metamorfismo desenvolvido nas rochas encaixantes ao redor de intrusões magmáticas, particularmente de corpos graníticos.

Metamorfismo de fundo oceânico: Metamorfismo desenvolvido nas vizinhanças das cadeias mesoceânicas em função do calor produzido pelo resfriamento da crosta oceânica recém-formada.

Metamorfismo de impacto: De extensão restrita na crosta terrestre, desenvolve-se em regiões submetidas ao impacto de grandes meteoritos, produzindo minerais de temperaturas elevadas (> 1200 °C) e de pressões muito altas (>100 kbar ou 10 GPa), como estishovita, um polimorfo do quartzo (SiO_2).

Metamorfismo retrógrado (ou retrometamorfismo): Desequilíbrio de uma associação metamórfica de mais baixa temperatura e formação de outra associação metamórfica de mais alta temperatura por hidratação dos minerais.

Metassomático/metassomatismo: Processo hidrotermal que ocorre por meio de trocas iônicas de água quente circulante e promove a substituição de um mineral por outro, de diferente composição química, e a troca/remoção de elementos químicos no fluido circulante, sendo importante processo de formação de depósitos minerais.

Migmatito: Rocha com feições ígneas e metamórficas.

Milonitos: Rocha fortemente orientada, caracterizada por uma matriz fina recristalizada com cristais maiores de feldspatos deformados (porfiroclastos), associada a zonas de falhas.

Mineral-índice: Mineral que indica o aparecimento de nova isógrada metamórfica e, por consequência, nova zona metamórfica.

Pascal: Unidade padrão de pressão no Sistema Internacional, cuja sigla é Pa. A pressão exercida pela atmosfera ao nível do mar corresponde a aproximadamente 101 325 Pa.

Pedra-sabão: Rocha metamórfica, conhecida também como esteatito, de dureza muito baixa, constituída principalmente de talco e originada a partir do metamorfismo de rocha ultramáfica.

Petrologia Metamórfica: Estuda a origem das rochas metamórficas, considerando principalmente os processos químicos, físicos, estruturais e mineralógicos envolvidos.

Porfiroclastos: Cristais deformados e recristalizados em condições dúcteis, durante o processo de deformação que acompanha o metamorfismo dinâmico associado a zonas de cisalhamento.

Pressão hidrostática: Pressão exercida em um corpo mergulhado na água com igual módulo e intensidade em todas as direções.

Pressão (ou tensão) litostática (ou confinante): Pressão vertical exercida em um determinado ponto da crosta pelo peso das camadas sobrejacentes. Este tipo de pressão aumenta com a profundidade e pode ser calculada conhecendo-se a densidade da rocha sobrejacente, sua profundidade e aceleração da gravidade.

Protólito: Rocha preexistente que foi transformada pelo metamorfismo. Pode ser ígnea, sedimentar ou já metamórfica. Sua identificação tem grande importância nos estudos de reconstituição geológica.

Quartzito: Rocha metamórfica formada do metamorfismo de um arenito.

Recristalização: Processo por meio do qual a estrutura cristalina de um mineral é reorganizada de modo a gerar novos grãos do mesmo mineral.

Rúptil, frágil ou quebradiça (deformação): É aquela em que ocorrem a quebra e a perda de continuidade do material.

Subducção: Região de convergência da placa litosférica debaixo de outra placa.

Textura: Relações geométricas observadas nas rochas, incluindo-se as dimensões dos cristais, a homogeneidade das dimensões etc.

Xisto: Rocha metamórfica de estrutura xistosa e foliação bem desenvolvida, com minerais visíveis a olho nu, originado preferencialmente de sedimentos pelíticos e pelito-arenosos.

Xistosidade: Orientação planar de minerais, visíveis a olho nu, formados em rochas metamórficas.

Zona metamórfica: Faixa metamórfica com disposição mais ou menos paralela associada a cinturões orogênicos, cuja separação no terreno é baseada no aparecimento de novo mineral-índice de metamorfismo.

Zonas de cisalhamento: Regiões de máxima deformação da crosta, de forma planar a curviplanar, associadas a cinturões metamórficos, que são capazes de acomodar grandes quantidades de movimentos.

Referências bibliográficas

CRÓSTA, A. P.; KAZZUO-VIEIRA, C.; PITARELLO, L.; KOEBERL, C.; KENKMANN, T. Geology and impact features of Vargeão Dome, southern Brazil. *Meteoritics & Planetary Science*. v. 47, p. 51-71, 2012.

GROTZINGER, J. P., JORDAN, T.N. *Understanding Earth*. New York: Freeman & Company, 2014. 7th ed., 752p.

RUBERTI, E. et.al. Rochas metamórficas. In: TEIXEIRA, W. et al. (Orgs.). *Decifrando a Terra*. São Paulo: Oficina de Textos, 2000. p. 381-398.

SIBSON, R.H. Fault rocks and faults mechanisms. *Journal Geological Society of London*. Vol. 133, p.191-213, 1977.

YARDLEY, B. W. D. *Introdução à Petrologia Metamórfica*. Brasília: Editora da UnB, 1994. 340 p.

CAPÍTULO 7
Estruturas geológicas: formas e processos
Ginaldo Ademar da Cruz Campanha
e Rômulo Machado

Principais conceitos

▶ A deformação da litosfera concentra-se nas bordas das placas, originando as estruturas geológicas de natureza tectônica.

▶ As estruturas geológicas são encontradas em diferentes ambientes geológicos e podem ser formadas em diferentes profundidades na crosta terrestre e sob condições variáveis de temperatura e pressão.

▶ As estruturas tectônicas são produzidas pela deformação dos corpos litológicos (ou litossomas), resultantes da ação de forças relacionadas à dinâmica interna da Terra.

▶ Entre as principais estruturas tectônicas, têm-se as dobras e as falhas.

▶ As estruturas tectônicas formam-se sob três regimes principais de deformação: compressivo, distensivo e transcorrente. Esses regimes estão em geral associados aos três tipos de limites entre placas tectônicas: convergente, divergente e conservativo, respectivamente.

▲ Dobras em escala de montanha na Cordilheira dos Andes, região de El Calafate, Argentina.

Introdução

Os estudos geológicos têm demonstrado, desde longa data, que a Terra é um planeta em permanente transformação, como resultado de suas dinâmicas interna e externa. A origem da dinâmica interna deve-se à presença de fontes de calor no interior da Terra. A dissipação desse calor é responsável pelo fornecimento de energia aos processos geológicos que operam no seu interior, como o magmatismo (inclusive vulcanismo) e metamorfismo, sendo também o motor responsável pelos processos da chamada Tectônica de Placas ou Tectônica Global. No passado geológico, ocorreram várias fases de aglutinação e afastamento dos continentes (supercontinentes). A fase de aglutinação é acompanhada por processos de formação de cadeias de montanhas, ou seja, de colisão dos continentes. A fase de separação ocorre após o quebramento dos continentes em fragmentos/massas menores e depois o seu afastamento.

Enquanto a porção interior das grandes placas tectônicas é tida como essencialmente rígida, suas bordas são constantemente deformadas pela interação com as placas vizinhas. As bordas de placas são os lugares preferenciais para a geração das estruturas geológicas, particularmente das chamadas estruturas tectônicas. Falhas e dobras estão entre as estruturas tectônicas mais conhecidas e espetaculares (Figura 7.1). A origem e a descrição dessas feições geológicas será o objeto deste capítulo.

A especialidade das ciências geológicas que estuda as estruturas tectônicas, em escala regional ou local, é a Geologia Estrutural, e aquela que estuda as grandes estruturas em escala continental ou global é chamada Tectônica ou Geotectônica.

▲ **Figura 7.1** – Vista aérea de uma região de rochas dobradas. No canto esquerdo, observam-se a cidade de Cáceres (Mato Grosso) e o Rio Paraguai (figura composta com imagens de satélite Landsat e SRTM).

Estruturas primárias e estruturas tectônicas

Duas grandes classes de estruturas geológicas podem ser distinguidas: as estruturas primárias e as estruturas tectônicas. As estruturas primárias são aquelas originalmente presentes nas rochas sedimentares e ígneas. As estruturas tectônicas são aquelas produzidas pela deformação tectônica das rochas e de outros materiais geológicos, como sedimentos não consolidados, solos e o próprio relevo. A deformação tectônica é oriunda das forças do interior da Terra, ou seja, está relacionada ao movimento das placas.

O exemplo mais comum de estrutura primária é a estratificação ou acamamento em sedimentos e rochas sedimentares. Normalmente é uma estrutura planar e horizontal, conhecida como estratificação paralela. Porém, vários outros tipos de estruturas sedimentares são também conhecidos, como as estratificações cruzadas, produzidas pelo movimento das águas ou pelos ventos, marcas onduladas esculpidas nos sedimentos dos fundos de lagos, oceanos e rios, produzidas pela ação de ondas ou correntes, gretas de contração, resultantes da ressecação de sedimentos expostos subaereamente, e uma infinidade de outros tipos (ver **Capítulo 5**).

As rochas ígneas, tanto as intrusivas como as vulcânicas, também podem apresentar estruturas primárias, formadas durante o fluxo e a cristalização do magma. Exemplos dessas estruturas são as lavas em corda (ou cordadas), as lavas almofadadas, vesículas, amígdalas, foliação de fluxo e disjunção colunar (ver **Capítulos 2 e 3**).

Em sedimentos não consolidados podem ocorrer deformações de origem não tectônica, como em deslizamentos submarinos, quando a massa que está se movimentando deforma as camadas já depositadas. Geleiras em movimento também podem causar deformações em camadas de sedimentos, empurrando os materiais que se encontram em sua frente e deslizando sobre os que estão em sua base. A compactação diferencial de camadas soterradas, por causa do peso das camadas acima, também pode produzir deformações nos sedimentos não consolidados, particularmente naqueles ricos em água ou matéria orgânica (argilosos e carbonosos). As estruturas assim geradas são atectônicas. Em alguns casos, essa definição se torna ambígua, quando, por exemplo, ocorrem deslizamentos submarinos induzidos por terremotos, que são uma manifestação da dinâmica interna da Terra.

Quando a deposição de uma sucessão de camadas sedimentares é interrompida, representando um período de não deposição de sedimentos, essa estrutura é chamada de discordância. Existem pelo menos quatro tipos básicos de discordância: desconformidade ou discordância paralela, inconformidade, discordância angular e paraconformidade (ver **Capítulo 5**). A desconformidade e a paraconformidade ocorrem quando as camadas acima e abaixo da discordância são paralelas – na desconformidade ocorre uma superfície de erosão irregular; e na paraconformidade a própria superfície de discordância é paralela às camadas. Em geral, a paraconformidade só pode ser detectada por fósseis com idades geológicas distintas ou por variações bruscas na composição entre as camadas mais jovens e as mais antigas. A discordância angular ocorre quando camadas de sedimentos se depositam horizontalmente sobre uma sequência sedimentar mais antiga, com as camadas inclinadas. A existência de camadas inclinadas (**Figuras 7.3 e 7.4**) e das discordâncias angulares atesta, por si só, a existência de movimentos tectônicos da crosta, já que as camadas inferiores foram dobradas ou basculadas por falhas. Uma inconformidade (ou não conformidade) ocorre quando rochas sedimentares se depositam sobre rochas ígneas ou metamórficas mais antigas. As inconformidades, as desconformidades e as paraconformidades podem ocorrer tanto por movimentos tectônicos da crosta como por variações do nível do mar.

Existem ainda as estruturas provocadas pelo impacto de grandes corpos meteoríticos com a superfície da Terra (ver **Capítulo 6**). São produzidas deformações muito rapidamente, em tempo da ordem de microssegundos.

Todas essas estruturas primárias podem ser envolvidas em deformações na borda de placas e gerar as estruturas tectônicas, como as dobras e as falhas, que serão tratadas no restante deste capítulo.

Quadro 7.1 – Atitude de camadas

▲ **Figura 7.2** – Direção e mergulho de uma camada. Fonte: modificado de Loczy e Ladeira, 1981.

Embora as camadas sedimentares se depositem, em geral, em posição próxima à horizontal, elas podem ser inclinadas por movimentos tectônicos da crosta. Outras estruturas geológicas, como fraturas, falhas e corpos ígneos como diques, podem ser visualizadas como planos e ter inclinações e orientações variadas no espaço. Para diversas finalidades práticas é necessário conhecer a orientação das estruturas geológicas, como de uma camada sedimentar inclinada ou de um dique. Essa orientação é chamada atitude da camada (ou outra estrutura geológica). Definem-se, então, a direção e o mergulho de camadas. Se tivermos uma camada inclinada (**Figura 7.2**), na interseção dela com um plano horizontal imaginário define-se uma linha horizontal, que é a direção da camada (ou horizontal da camada). Podemos fornecer a orientação da direção da camada em relação ao norte geográfico. Isso pode ser feito com uma bússola que contenha um nível de bolha. O mergulho da camada é o ângulo de inclinação que a camada faz com o plano horizontal, medido em um rumo perpendicular à direção da camada. Esse mergulho é também referido como mergulho verdadeiro do plano, pois ele contém a reta de inclinação máxima do plano. Qualquer outro mergulho diferente desse corresponderá ao mergulho aparente do plano e, nesse caso, seu valor de inclinação será sempre inferior ao mergulho verdadeiro do plano. O mergulho pode ser medido com um clinômetro, que é essencialmente uma régua móvel acoplada a um nível de bolha e a uma escala em graus. As bússolas para Geologia e Topografia em geral já trazem um clinômetro embutido (**Figura 7.3**).

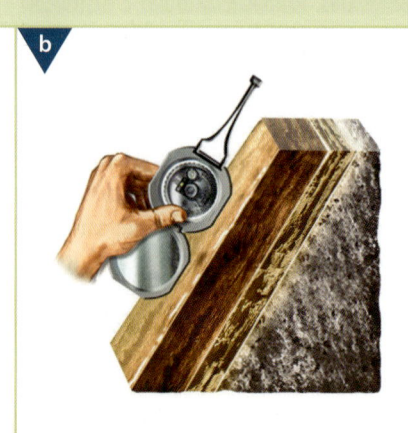

▲ **Figura 7.3** – Técnica usada com Bússola Brunton para medir a direção (a) e o mergulho (b) de uma camada.

Física da deformação

A transformação contínua do planeta mantém a litosfera submetida constantemente a forças. Quando duas placas se aproximam e se chocam, com formação de uma grande cadeia de montanhas, predominam as forças compressivas. Porém, quando as placas se separam e formam uma vale em rifte, predominam as forças distensivas. Quando a resultante das forças que atuam em um plano é oblíqua a este, surgem componentes paralelas a ele, que são denominadas forças cisalhantes. A origem das forças atuantes na litosfera é por causa, em primeiro lugar, da gravidade terrestre, ou seja, ao peso que as rochas e materiais mais superficiais exercem sobre os mais profundos, e da tendência dos materiais mais quentes e, portanto, menos densos, de subirem, e os mais frios e mais densos de descerem. Em última instância, essa ação induz o movimento das placas tectônicas. Essas forças atuam na superfície de contato entre os materiais das placas litosféricas e produzem a deformação dos corpos litológicos (ou litossomas). Por deformação entende-se a mudança na posição, na forma e no volume dos corpos. Por exemplo, uma sequência estratificada de rochas sedimentares é transformada em uma sequência dobrada (**Figura 7.4**). As estruturas tectônicas são, portanto, produtos da deformação das rochas e de outros materiais geológicos.

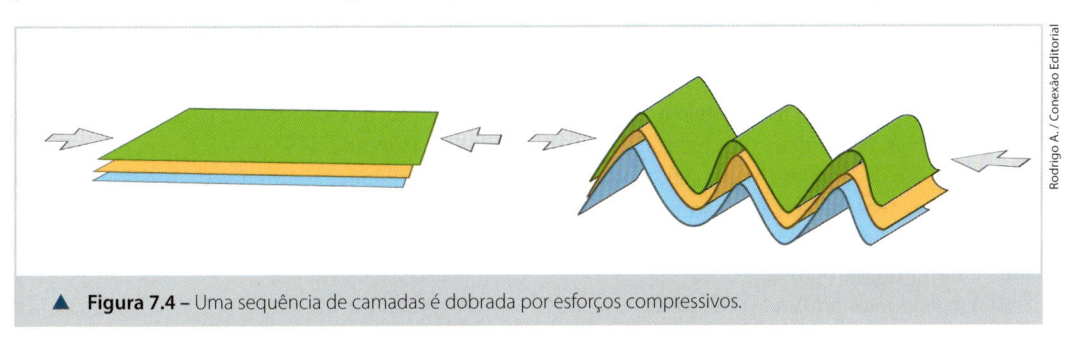

▲ **Figura 7.4** – Uma sequência de camadas é dobrada por esforços compressivos.

Uma noção importante na compreensão da deformação é a de esforço, tensão ou estresse (*stress*, em inglês). Em termos quantitativos, o esforço ou tensão é expresso pela razão entre a força atuante em uma superfície e a sua área. Nos líquidos e gases em equilíbrio estático, equivale à definição usual de pressão, ou pressão hidrostática, que neste caso é igual em todas as direções. No entanto, em materiais sólidos, assim como em fluidos em movimento, a tensão pode não ser isotrópica, ou seja, seu valor varia conforme a orientação da superfície na qual é aplicada e pode ser máxima em um certo rumo e mínima em um rumo a ele perpendicular. Às vezes, a tensão anisotrópica é chamada pressão dirigida, para se distinguir da pressão hidrostática. Existem relações matemáticas entre a tensão aplicada e a deformação produzida nas rochas, que são estudadas em um campo da ciência física denominado Reologia.

Um corpo litológico, soterrado em determinada profundidade, sofre a ação do peso das rochas sobrepostas. Esse peso produz uma pressão ou tensão litostática, que atua no sentido vertical. Se houver um tempo suficiente para a rocha acomodar-se, essa tensão litostática se torna igual em todas as direções, à semelhança da pressão hidrostática.

Quando, no entanto, surgem forças derivadas dos movimentos tectônicos, a tensão pode tornar-se maior em certas direções e menor em outras, produzindo deformações nas rochas. Por exemplo, uma sequência de rochas sedimentares com estratificação originalmente horizontal pode ser dobrada quando submetida a tensões horizontais compressivas (**Figura 7.4**). Quando a tensão é anisotrópica, o conceito de pressão está associado ao valor médio das tensões aplicadas.

À semelhança das forças, a tensão aplicada em uma superfície pode ser decomposta em uma tensão cisalhante, paralela a essa superfície, e em uma tensão normal, perpendicular à superfície de atuação.

O tipo de deformação que ocorre na crosta terrestre é grandemente controlado por parâmetros físicos como temperatura, pressão, intensidade da tensão aplicada, duração da tensão aplicada, presença de fluidos (principalmente H_2O e CO_2) e pela diferença de comportamento mecânico dos diversos tipos de rochas e minerais constituintes dos materiais geológicos.

A pressão e a temperatura aumentam com a profundidade na crosta e são os principais parâmetros que influenciam na mudança de comportamento do material rochoso com a profundidade.

A temperatura atua nas rochas como elemento que reduz sua resistência à deformação. Portanto, com o aumento de temperatura, as rochas tornam-se mais "amolecidas" e passam a ser deformadas com uma tensão cada vez menor, de forma análoga ao que ocorre com uma barra de ferro quando é aquecida. Isso acontece também com as rochas no interior da Terra, onde elas se tornam mais facilmente deformáveis à medida que se aprofundam na mesma. A variação da temperatura no interior da Terra é também discutida no **Capítulo 6**.

Nas regiões mais rasas da crosta, as rochas comportam-se de maneira mais rígida, quando submetidas às tensões, sendo então fragmentadas e fraturadas. A deformação neste caso é conhecida como do tipo rúptil (ou frágil).

Em regiões mais profundas da crosta, as rochas passam a ter um comportamento mais próximo de um material pastoso, como por analogia o piche ou mel comportam-se nas condições ambientais normais da superfície terrestre. Essa deformação é referida como do tipo dúctil. Nessas condições, quando o material rochoso é submetido a tensões, começa a fluir continuamente, mantendo sua continuidade em vez de se romper ou se quebrar.

A transição do comportamento rúptil para o dúctil em geral ocorre nas rochas da crosta continental quando a temperatura alcança a isógrada de 250-300 °C, que, para o grau geotérmico médio (entre 20 a 30 °C/km), ocorre por volta de 10 a 15 km de profundidade.

A pressão é outro importante parâmetro físico que aumenta com a profundidade. Seu incremento produz a compactação das rochas. Esse processo leva à redução de porosidade e, consequentemente, de seu volume. A pressão em geral aumenta a resistência das rochas à deformação.

A pressão de fluidos é aquela exercida tipicamente por H_2O e/ou CO_2, que estão contidos nos poros e nas fraturas das rochas. Esse tipo de pressão atua em sentido contrário ao da pressão litostática e "empurra" as superfícies dos grãos ou das fraturas para fora. Em condições mais superficiais da Terra, com temperaturas e pressões litostáticas mais baixas, a pressão de fluidos favorece o rompimento das rochas, ou seja, o comportamento rúptil. Em condições mais profundas, com temperatura mais elevada, a presença de fluidos reduz a resistência das rochas e aumenta enormemente o comportamento dúctil.

O tipo de rocha e sua composição mineralógica influem grandemente no comportamento frente à deformação e nas estruturas geológicas produzidas. Assim, se tivermos camadas compostas alternadamente por arenitos e argilitos, os arenitos são mais resistentes à deformação, enquanto os argilitos se deformam mais facilmente. As rochas mais típicas da crosta continental, como os granitos, passam a se deformar ductilmente nas condições citadas acima, por volta da isógrada de 250-300 °C, em 10 a 15 km de profundidade. Enquanto os peridotitos, que são rochas típicas do manto, começam a se deformar de modo dúctil somente em temperaturas bem mais elevadas.

A influência da temperatura, da pressão, da tensão, dos fluidos e da composição na deformação das rochas pode ser testada em laboratório. No entanto, um fator geológico praticamente impossível de ser reproduzido no laboratório é o tempo. Os experimentos de laboratório podem durar minutos, horas, dias, meses ou até anos, porém os processos geológicos podem durar milhares ou milhões de anos. Um exemplo simples da influência do tempo de aplicação das tensões é o caso do asfalto. À temperatura ambiente (18 °C), se dermos uma martelada em um bloco de asfalto, ele se quebra em vários pedaços com comportamento tipicamente rúptil. Porém, se colocarmos um bloco do mesmo material em uma prensa mecânica, sob uma tensão relativamente baixa, de modo que ele não se rompa e, ao se manter essa tensão constante por dias ou semanas, o asfalto achata-se na direção de compressão máxima e alonga-se na direção perpendicular, em um comportamento tipicamente dúctil. Essa capacidade de os materiais fluírem sob tensões baixas, mas aplicadas continuamente em longos períodos, denomina-se fluência (*creep*, em inglês), que se manifesta em muitos materiais sólidos, inclusive nas rochas.

Desse modo, rochas sob temperaturas elevadas, presença de fluidos e períodos geológicos longos podem desenvolver deformações dúcteis expressivas. Ao contrário, em condições frias e sob tensões suficientemente elevadas, sofrem ruptura e produzem descontinuidades como fraturas e falhas.

Estruturas comuns na crosta e sua origem

Dobras e falhas são estruturas comumente encontradas em rochas da crosta terrestre. Podem ocorrer isoladas ou associadas e são formadas sob condições variáveis de temperatura e pressão. As condições mais adequadas para a geração de falhas são aquelas em que predomina o comportamento rúptil do material rochoso na crosta (profundidades menores do que 10 km e temperaturas menores que 250 ºC). Por outro lado, a geração de dobras é mais comum em regiões da crosta com predomínio de comportamento dúctil do material rochoso (profundidades maiores que 10 km e temperaturas maiores que 250 ºC).

Dobras

Dobras são superfícies curvas resultantes da deformação de camadas sedimentares ou de outras superfícies originalmente planas. Elas representam uma das estruturas geológicas mais espetaculares, que demonstram a ocorrência de deformações dúcteis em larga escala na crosta terrestre (**Figura 7.5**).

As dobras são em geral produtos de tensões tectônicas compressivas, embora também ocorram dobras de origem atectônica, por causa dos deslizamentos submarinos ou da compactação diferencial de sedimentos.

As dobras resultam do comportamento dúctil do material rochoso, quando submetido à ação de tensões. Sua formação se deve, em grande parte, à presença de uma estrutura estratificada anteriormente nas rochas. Essa estrutura pode ser o acamamento sedimentar ou o bandamento metamórfico (bandamento gnáissico, foliação ou xistosidade) preexistente (ver **Capítulo 6**).

▲ **Figura 7.5** – Dobras em escala de afloramento afetando ortognaisses pré-cambrianos do embasamento dos Caledonides (Ciclo Caledoniano) do sul da Noruega.

Em geral, as dobras tectônicas estão associadas aos processos de formação de cadeias de montanhas e, portanto, estão estreitamente ligadas à dinâmica da Tectônica de Placas.

As dobras possuem dimensões variáveis desde a escala centimétrica e métrica até a quilométrica, sendo esta a ordem de tamanho das estruturas observadas em cadeias de montanhas como Andes, Alpes e Himalaias.

Elementos geométricos e tipos de dobras

Dobras podem ter formas tridimensionais bastante complexas (**Figura 7.6**). Uma aproximação bastante comum para descrever a forma das superfícies dobradas corresponde ao modelo das dobras cilíndricas. As dobras cilíndricas podem ser visualizadas geometricamente pela translação de uma linha no espaço (**Figura 7.7**). Essa linha geratriz é chamada eixo da dobra.

A superfície dobrada possui em geral uma curvatura variável. A curvatura (C) de um círculo é definida pelo inverso do raio (r) do círculo, isto é, C = 1/r. Diferentemente do círculo, as dobras em geral mostram variação de curvatura ao longo de sua superfície. A região com maior curvatura é denominada zona de charneira, e a de menor curvatura é o flanco ou limbo da dobra. A união dos pontos da superfície dobrada que possuem maior curvatura é a linha de charneira (**Figura 7.7**). Nas dobras cilíndricas, a linha de charneira possui a mesma orientação que o eixo da dobra e às vezes são referidos vagamente como sinônimos. No entanto, a linha de charneira, a rigor, é um ente físico, concreto, e o eixo de dobra é uma linha imaginária.

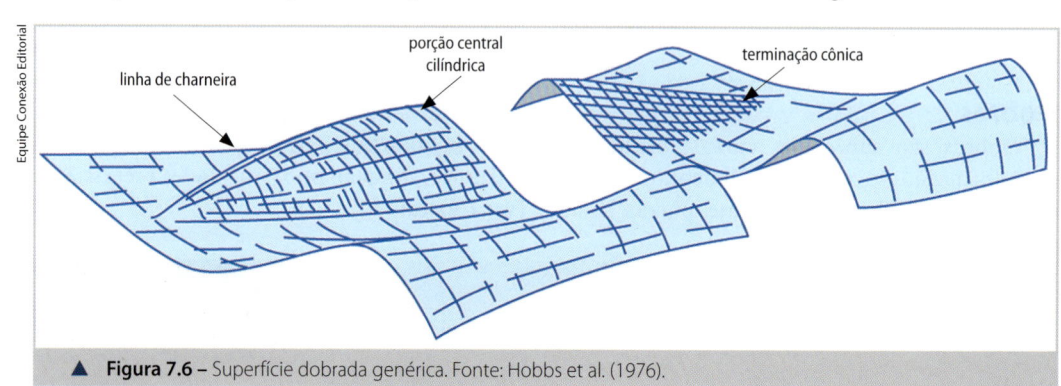

Figura 7.6 – Superfície dobrada genérica. Fonte: Hobbs et al. (1976).

Quando se considera uma sucessão de várias superfícies dobradas, a união das linhas de charneira das várias superfícies dobradas (**Figuras 7.7** e **7.8**) define a superfície axial. Quando a superfície axial é plana, pode ser denominada plano axial, mas às vezes também pode ser curva. A interseção do plano axial com a superfície do terreno é chamada traço axial (**Figura 7.7**).

A posição de uma dobra no espaço é definida a partir desses dois elementos geométricos básicos, isto é, o eixo e o plano axial.

As dobras podem ser classificadas com base em critérios geométricos ou estratigráficos.

Em geral, as dobras ocorrem como uma sucessão que apresenta curvaturas opostas. As que mostram a concavidade para baixo são chamadas antiformas; as que mostram a

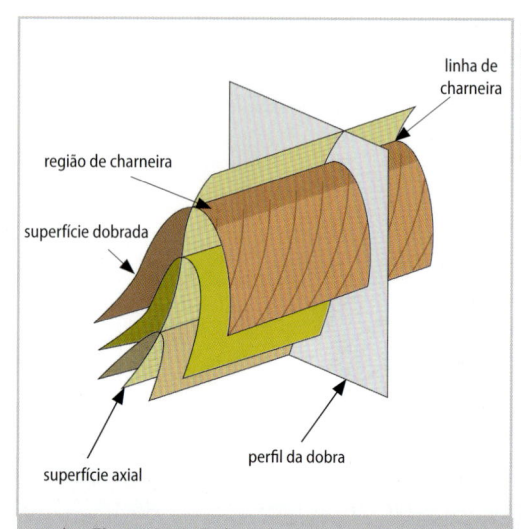

Figura 7.7 – Dobra cilíndrica e seus elementos geométricos. Fonte: Hobbs et al. (1976).

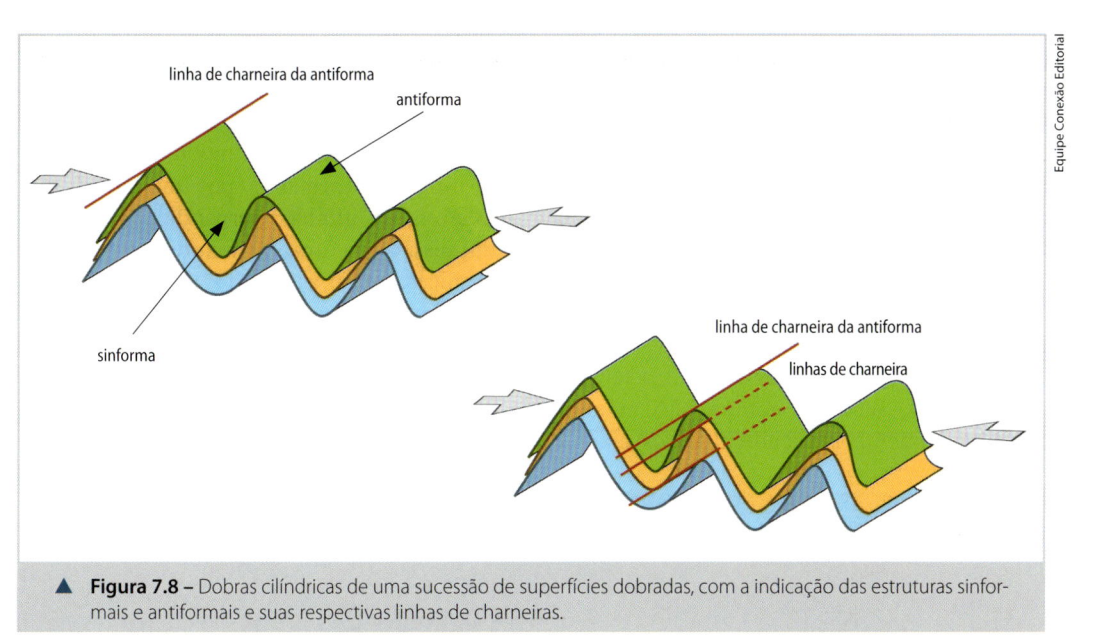

Figura 7.8 – Dobras cilíndricas de uma sucessão de superfícies dobradas, com a indicação das estruturas sinformais e antiformais e suas respectivas linhas de charneiras.

concavidade para cima são denominadas sinformas (**Figura 7.8**). Se o dobramento foi simples e afetou rochas sedimentares ou sedimentos horizontais anteriormente não deformados, as camadas mais antigas devem ocorrer no núcleo das antiformas e as camadas mais novas, na parte externa; nas sinformas ocorre o inverso. Uma dobra na qual as camadas mais velhas estão no núcleo é denominada de anticlinal. Similarmente, uma dobra na qual as camadas mais jovens estão no núcleo é denominada sinclinal (**Figura 7.7**). Em uma situação simples como a descrita acima, as antiformas são anticlinais e as sinformas são sinclinais. No entanto, na natureza podem ocorrer situações complexas, quando, por exemplo, se tem redobramento, ou seja, quando há superposição de dobras de várias fases sucessivas no tempo. Uma anticlinal preexistente pode ser revirada, transformando-se em uma anticlinal sinformal (**Figura 7.9**), e assim por diante.

Nas grandes cadeias de montanhas modernas, como nos Alpes, Himalaias e Andes, é comum as dobras ocorrerem em uma sucessão de antiformas e sinformas com eixos e planos axiais paralelos que formam regiões conhecidas como faixas ou cinturões de dobramento.

Em regiões geologicamente mais antigas, no interior dos continentes e das placas tectônicas, pode-se inferir que grandes cadeias de montanhas antigas existiram na borda de antigas

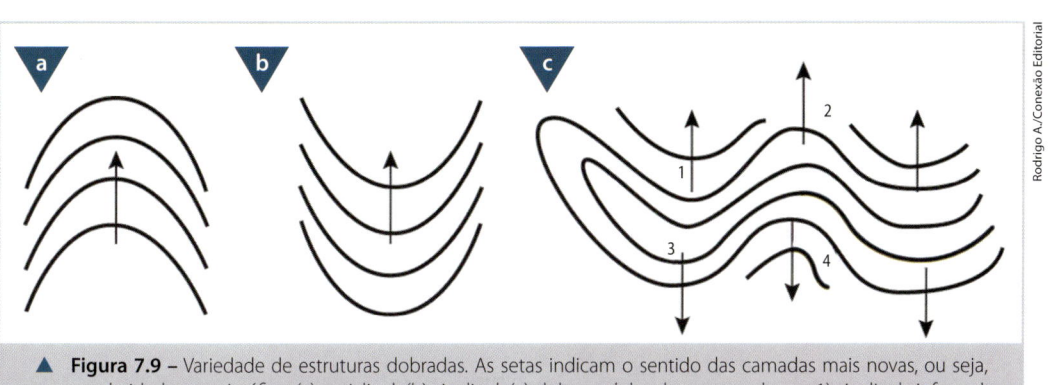

Figura 7.9 – Variedade de estruturas dobradas. As setas indicam o sentido das camadas mais novas, ou seja, a polaridade estratigráfica: (a) anticlinal, (b) sinclinal, (c) dobra redobrada, mostrando em 1) sinclinal sinformal, 2) anticlinal antiformal, 3) anticlinal sinformal e 4) sinclinal antiformal.

placas tectônicas e foram destruídas pela erosão, como os cinturões dobrados antigos dos Apalaches, a leste da América do Norte, da Faixa Paraguai, que se situa em Mato Grosso, Mato Grosso do Sul, Bolívia e Paraguai, e do Cinturão do Cabo, no extremo sul da África. Nesses cinturões de dobramentos antigos, a erosão pode ressaltar camadas dobradas constituídas de rochas mais ou menos resistentes, que dão origem ao chamado relevo apalachiano (**Figuras 7.10** e **7.20**).

As dobras em geral são devidas a tensões compressivas, sendo a compressão máxima aproximadamente perpendicular aos eixos e planos axiais das dobras. Quando se passa gradativamente para níveis mais profundos, com predominância da deformação dúctil, os minerais preexistentes nas rochas e os novos minerais, formados por metamorfismo, tendem a se alinhar perpendicularmente à compressão máxima, formando as foliações tectônicas, como a xistosidade (ver **Capítulo 6**). Assim, é comum que a xistosidade e outras foliações tectônicas se desenvolvam em posição aproximadamente paralela ao plano axial das dobras, que são denominadas então de foliações plano-axiais (**Figura 7.11**).

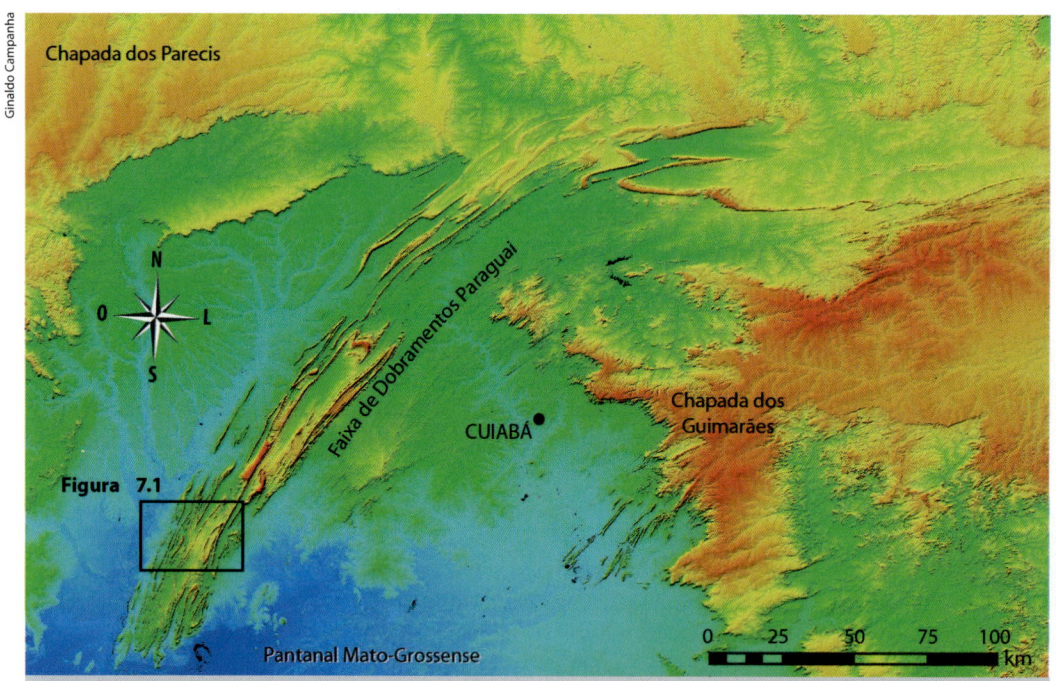

▲ **Figura 7.10** – Mapa do relevo da região em torno de Cuiabá (MT). As cores que tendem ao vermelho representam as altitudes mais elevadas e as cores que tendem ao azul, as altitudes mais baixas. As camadas mais resistentes à erosão da Faixa de Dobramentos Paraguai desenham grandes dobras no relevo (imagem SRTM).

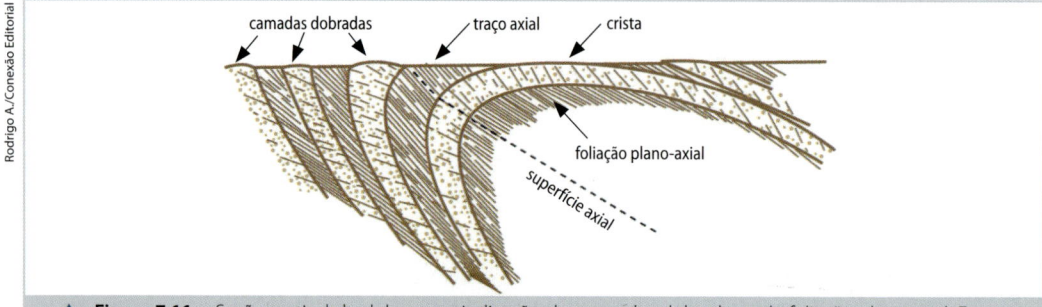

▲ **Figura 7.11** – Seção vertical de dobra com indicação das camadas dobradas e da foliação plano-axial. Fonte: Ramsay e Huber (1997).

Em condições relativamente rasas na crosta, a poucos quilômetros de profundidade, as dobras em geral são amplas e abertas, com pouca ou nenhuma foliação plano-axial desenvolvida. Conforme passa para níveis mais profundos, a deformação dúctil aumenta, as dobras tornam-se cada vez mais fechadas e as foliações passam a ser estruturas dominantes.

Quadro 7.2 – Mecanismos de dobramento

Para gerar dobras é necessário a existência de uma estrutura plana anterior que possa ser dobrada, como a estratificação sedimentar ou bandamento metamórfico (bandamento gnáissico, foliação ou xistosidade).

Em termos de mecânica de dobramento, existem dois modelos gerais possíveis: dobramento passivo, em que as camadas preexistentes não oferecem resistência à deformação e, portanto, não controlam o dobramento; e dobramento ativo, em que as camadas preexistentes oferecem resistência à compressão e, portanto, controlam o dobramento. Esse último processo é conhecido também como flambagem (buckling), que é o encurvamento que sofrem, por exemplo, uma viga metálica e um pilar em uma construção quando são submetidos à compressão.

Esses dois mecanismos podem ser visualizados em experiências simples, realizadas com um maço de cartas que possam deslizar entre si (Figura 7.12).

Para ilustrar o dobramento passivo, podem-se pintar "camadas" na lateral do maço de cartões e deslizá-los de modo variável (Figura 7.12a). São produzidas dobras, conhecidas como dobras por cisalhamento. Obviamente, a "tinta" colocada nos cartões não tem nenhuma influência mecânica no dobramento e as "camadas" comportam-se passivamente no processo.

Para simular um dobramento ativo podem-se, por exemplo, comprimir os cartões no sentido do seu comprimento, encurvando-os, mas permitindo que eles deslizem entre si (Figura 7.12b). Esse processo é chamado de deslizamento flexural. Desenhando-se círculos na lateral dos cartões antes do experimento, nota-se que eles se transformam em elipses e mostram que, nesse caso, a deformação se concentra nos flancos da "dobra", com um achatamento maior na direção da compressão e um estiramento maior no sentido perpendicular a ela (Figura 7.12c).

Outro mecanismo de flambagem (dobramento ativo) pode ser simulado como no caso anterior, porém impedindo-se que os cartões deslizem entre si, segurando-os firmemente em suas extremidades. O arco externo da dobra tende a ser estirado, enquanto seu arco interno tende a ser comprimido ou encurtado. O experimento também pode ser feito com uma placa de borracha ou de espuma, quando se desenham círculos em sua lateral, antes da flambagem (Figura 7.12d). As elipses geradas no arco externo mostram estiramento paralelo às camadas, enquanto que, no arco interno, elas são perpendiculares às camadas.

Imaginando-se que nesses experimentos os "minerais" presentes na rocha fossem orientados segundo as direções de deformação, quais seriam as atitudes (orientações) das foliações geradas?

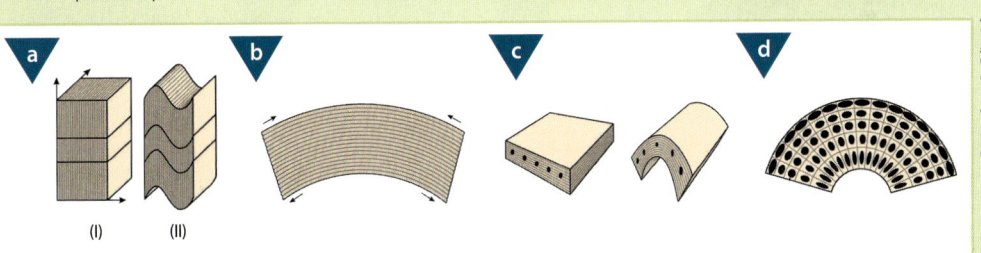

▲ **Figura 7.12** – Experimentos com cartões mostrando os principais mecanismos de dobramento: (a) dobramento passivo (dobras formadas pelo deslizamento entre os cartões, conhecidas como dobras de cisalhamento); (b) e (c) dobras por deslizamento flexural, em que a espessura das camadas é mantida em função do deslizamento ocorrido entre as camadas; (d) dobras por flambagem envolvendo material elástico, que pode ser uma placa de borracha ou de espuma, onde são marcadas na lateral desse material (antes do dobramento) fileiras de círculos. Após o dobramento, desenvolvem-se elipses com orientações diferentes (eixo maior e eixo menor) nos círculos externos e internos da dobra, em função do estiramento ocorrido no arco externo e do encurtamento do arco interno da estrutura, permanecendo uma porção intermediária sem deformação (neutra). Fonte: Ramsay e Huber (1987); após Ragan (1973).

Fraturas, falhas e juntas

Quando as rochas são submetidas a tensões suficientemente grandes, em condições relativamente frias, ou seja, nos primeiros quilômetros de profundidade na crosta, em geral se rompem (comportamento rúptil). Quando as rupturas e quebras dão origem a superfícies aproximadamente planas, são chamadas de fraturas (**Figura 7.13**). Portanto, fraturas são planos de ruptura que separam ou tendem a separar as rochas em blocos de dimensões variáveis. Elas são comumente observadas em pedreiras e cortes de estradas e possuem posições sub-horizontais, inclinadas ou subverticais. A identificação dessas estruturas é muito importante na construção de obras de engenharia, como túneis, estradas e barragens, pois causam problemas de infiltração de água e instabilidade dessas obras, além de elevar os custos delas.

As falhas são superfícies de ruptura (fraturas) que ocorrem nas rochas, ao longo das quais ocorreu deslocamento apreciável entre os blocos vizinhos. Portanto, a condição essencial para a existência de uma falha é que tenha ocorrido deslocamento ao longo de uma superfície. Na ausência desse deslocamento, a fratura passa a ser denominada junta.

As falhas podem ter dimensões e deslocamentos desde escalas microscópicas até continentais, em que podem alcançar centenas de quilômetros. Podem atravessar toda a crosta terrestre e mesmo a litosfera como no caso das falhas transformantes. O exemplo mais conhecido de uma falha transformante em escala continental é a de San Andreas, na Califórnia (EUA).

As falhas podem ser ativas ou inativas. A ruptura ocorrida ao longo de um plano de falha produz terremoto. Esses eventos são muito mais comuns nas bordas de placas litosféricas, mas também podem ocorrer no seu interior, particularmente quando o acúmulo de tensões associado ao movimento das placas alcança o limite de resistências das rochas e, nesse caso, se rompem.

Os planos das falhas desenvolvem-se obliquamente à compressão máxima a que a rocha está submetida (tipicamente a 30 graus com a direção de compressão máxima), por causa da existência de componentes de tensão paralelos ao plano de falha (tensões cisalhantes), que provocam o deslocamento. Perpendicularmente à direção de distensão máxima, podem ocorrer fraturas de tração (ou seja, com abertura paralela à direção de distensão), que podem ser preenchidas por magma e formar diques (**Figura 7.14**), ou por soluções hidrotermais e originar veios, mas sem significativos deslocamentos paralelos ao plano e, portanto, não podem ser denominadas de falhas.

A identificação de uma falha pode ser por evidências direta ou indireta. As primeiras são observadas diretamente no terreno ou no próprio

▲ **Figura 7.13** – Corte vertical em pedreira mostrando duas famílias de fraturas inclinadas -- uma para a direita e outra para a esquerda – que afetam rochas vulcânicas da Formação Serra Geral na região de Lages (SC). A primeira família de fraturas ressalta-se no canto inferior esquerdo da imagem, enquanto a segunda, na parte superior centro-direita.

▲ **Figura 7.14** – Diques básicos penetrando fraturas distensivas em granulitos pré-cambrianos na praia de Ondina, Salvador (BA). Os furos nos diques possuem diâmetro de 2,5 cm e foram feitos com perfuratriz portátil para retirada de testemunho de rocha visando estudos de anisotropia de susceptibilidade magnética.

plano de falha. A identificação da falha é imediata quando existe uma camada de referência deslocada (**Figura 7.15**).

▲ **Figura 7.15** – Falha normal (a capa desceu) mostrando o deslocamento de camadas. Península do Cabo, África do Sul.

O processo mecânico envolvido no desenvolvimento de uma falha origina superfícies bem polidas com estrias de atrito. Essas estrias são sulcos ou riscos produzidos pelas diferenças de dureza entre os minerais constituintes das rochas e seu desenvolvimento é paralelo à direção de movimento ocorrido entre dois blocos adjacentes. Essa feição é conhecida como espelho de falha (*slickenside*, em inglês). Muitas vezes, nessa mesma direção ocorre também a formação de minerais fibrosos, que preenchem os planos de falha. Essas feições constituem os melhores indicadores da direção do movimento entre os blocos falhados (**Figura 7.16**).

▲ **Figura 7.16** – Estrias de atrito e fibras de crescimento mineral em calcários do Grupo Cuiabá, em Mato Grosso.

As evidências indiretas para o reconhecimento de uma falha são fornecidas por meio de imagens de satélites, fotografias aéreas, mapas diversos (geológicos e topográficos), feições topográficas e geomorfológicas, métodos geofísicos etc. No caso das imagens e das fotos aéreas, as evidências são a presença de fortes alinhamentos e orientação do relevo, organização e condicionamento da drenagem, rebaixamento do relevo em forma de degraus (escalonamento) e formação de escarpas, deslocamento de cristas de serras etc. (**Figura 7.17**). Variações bruscas da composição da rocha ou do ambiente de sua formação podem ser também sugerir a presença de falhas.

▲ **Figura 7.17** – Escarpa de falha surgida após o grande terremoto de Kobe (Japão) em 1995 (Falha de Nojima, Kobe, Japão).

As falhas na crosta podem ser superficiais ou profundas. Quando alcançam grandes profundidades, como no caso das falhas transformantes, a partir de 10 a 15 km de profundidade, com o aumento da temperatura, o deslocamento da falha passa gradualmente a ser acomodado por deformação dúctil, sem a ruptura das rochas. Em vez de um plano de falha, o deslocamento ocorre em uma faixa de rochas fortemente deformadas plasticamente denominada de zona de cisalhamento dúctil, que é a contraparte profunda das grandes falhas superficiais.

Como a formação de uma falha envolve um processo mecânico, durante esse processo as rochas são fragmentadas e esmagadas em tamanhos variáveis. Dependendo da profundidade na crosta em que isso ocorre, a deformação pode ser de dois tipos principais: rúptil (< 10 km) ou dúctil (> 12 a 15 km). No primeiro caso, como as condições de temperatura e pressão não são suficientemente altas para promover orientação e recristalização das rochas, originam-se as denominadas brechas de falhas (ou brechas tectônicas). No segundo caso, como as condições de temperatura e pressão são suficientemente elevadas para produzir orientação e recristalização das rochas, formam-se os milonitos, que são rochas típicas de zonas de cisalhamento dúctil. Na formação de uma brecha de falha predomina o processo de quebra e fragmentação das rochas (deformação rúptil), enquanto na formação de um milonito predomina o processo de recristalização dos minerais (deformação dúctil). Neste caso, a deformação é intensa o suficiente para promover uma forte orientação à rocha, que se torna foliada.

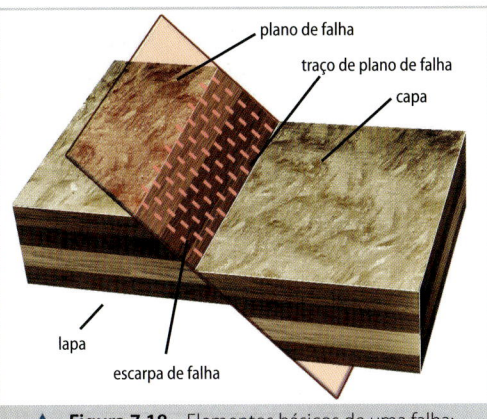

Figura 7.18 – Elementos básicos de uma falha: escarpa de falha, plano de falha, estria no plano de falha, traço do plano de falha, capa e lapa.

Tipos de falhas e suas características

Em todos os tipos de falhas ocorre um movimento relativo entre os blocos adjacentes. Os blocos separados pela falha são denominados capa (ou teto) e lapa (ou muro). A capa corresponde ao bloco situado acima do plano de falha e a lapa, ao bloco situado abaixo (**Figura 7.18**).

Quando ocorre o movimento ao longo do plano de falha, dois pontos que eram inicialmente contíguos, na capa e na lapa, são deslocados e separados (**Figura 7.19**, embaixo). O deslocamento entre esses dois pontos é denominado rejeito da falha.

Os principais tipos de falhas são: (a) normal ou de gravidade, (b) inversa, reversa ou de empurrão e (c) transcorrente ou de rejeito direcional (**Figura 7.20**).

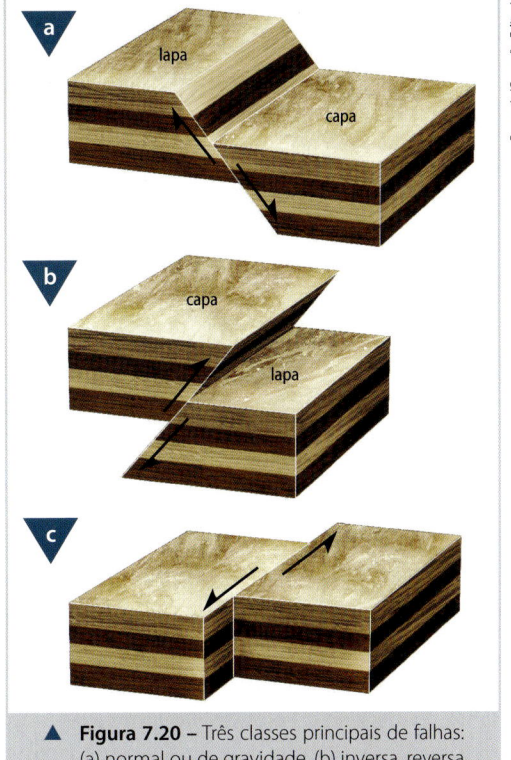

Figura 7.20 – Três classes principais de falhas: (a) normal ou de gravidade, (b) inversa, reversa ou de empurrão, (c) transcorrente ou de rejeito direcional (sinistral).

Falha normal é aquela em que a capa desce em relação à lapa (**Figuras 7.15** e **7.20a**). Em geral o plano de falha tem um mergulho (inclinação com relação à horizontal, ver **Figuras 7.2** e **7.3**) por volta

Figura 7.19 – Deslocamento (rejeito) da falha de Nojima (Kobe, Japão), demonstrado pelo deslocamento da canaleta de águas pluviais. A seta oblíqua é o rejeito total da falha, e as setas vertical e horizontal são os componentes de seus respectivos rejeitos (Nojima Fault Preservation, Hokudan-Cho Earthquake Memorial Park, Nojima, Japão).

Figura 7.21 – Falha inversa (ou de empurrão) afetando calcários da Mina de Vallemi, no Paraguai; a falha de empurrão corresponde ao plano inclinado para a direita, que separa os calcários bandados (parte superior) dos calcários mais claros e homogêneos (parte inferior).

de 60° e o movimento da capa ocorre ao longo do rumo de mergulho. Portanto, nesse tipo de falha as camadas são elevadas de um lado (na lapa) e rebaixadas de outro (capa). Essas falhas são associadas ao estiramento horizontal e adelgaçamento vertical da crosta. Como a compressão máxima vertical é por causa do próprio peso das rochas, essas falhas são denominadas falhas de gravidade.

Em uma falha inversa (ou reversa) ocorre o contrário, a capa é o bloco que sobe, e a lapa, o que desce (**Figuras 7.20b e 7.21**). O movimento da capa é no sentido contrário ao do mergulho do plano. Nesse caso ocorre o encurtamento horizontal da crosta e o espessamento vertical, com a compressão máxima sendo horizontal e a compressão mínima, vertical. Os mergulhos dos planos de falha são em geral por volta de 30°. Quando o mergulho é ainda mais baixo, tendendo a sub-horizontal, usa-se por vezes o termo falha de empurrão ou de cavalgamento.

Falha transcorrente é aquela com plano vertical e deslocamento (rejeito) horizontal dos blocos. Nesse caso não se aplicam os conceitos de capa e lapa. As direções de compressão e estiramento máximos são ambas horizontais (e oblíquas ao plano de falha) e a crosta não sofre espessamento nem adelgaçamento apreciáveis, como ocorre nos casos anteriores.

O movimento observado em uma falha transcorrente pode ser de dois tipos: sinistral (anti-horário) e destral (horário) (**Figura 7.22**). Esses

Figura 7.22 – Falhas transcorrentes com movimentação destral (a) e sinistral (b).

termos são usados em analogia ao movimento observado nos ponteiros do relógio. Em ambos os casos considera-se um observador fixo situado em um dos blocos de falha olhando o sentido de deslocamento do outro bloco. Quando o bloco observado se desloca para a esquerda, o movimento da falha é sinistral e, caso contrário, é destral.

Além dessas três classes básicas de falhas, podem ocorrer outras com orientações diversas. Se o plano de falha tem um mergulho qualquer, mas o rejeito entre os blocos é horizontal, denomina-se falha de rejeito direcional (o deslocamento é paralelo à direção do plano). A falha transcorrente é um caso particular de falha de rejeito direcional, quando o mergulho do plano é 90° (vertical). Falhas normais e inversas têm rejeito paralelo ao mergulho do plano de falha. Se o rejeito (deslocamento) da falha não se der na direção do plano nem no seu mergulho, é chamada falha de rejeito oblíquo.

Quadro 7.3 – Imagens de dobras e falhas vistas do espaço

A tecnologia espacial permite que se obtenha, a partir de satélites em órbita, imagens da superfície terrestre em toda a sua extensão e, em diversas escalas (ou seja, com diferentes aproximações ou *zooms*). No início, essas imagens eram muito caras de se obter e exigiam computadores, programas e conhecimento bastante especializados.

Hoje em dia, com o desenvolvimento da microinformática e da rede mundial de computadores, existem ferramentas gratuitas disponíveis na internet e de uso bem simplificado para pesquisar imagens e relevo da superfície da Terra. Quando este texto foi redigido, o programa Google Earth (marca registrada) fazia bastante sucesso. Nos *sites* brasileiros, destacava-se o da Embrapa (<http://www.cdbrasil.cnpm.embrapa.br>, acesso em: 2 set. 2019), que disponibilizava gratuitamente imagens de satélite de todo o território brasileiro, com uma ferramenta de consulta bastante fácil de navegar. Para quem dispõe do conhecimento técnico mínimo necessário, as imagens brutas utilizadas por esses programas podiam ser obtidas gratuitamente nos *sites* do Serviço Geológico Americano (USGS, United State Geological Survey, <www.usgs.gov>, acesso em: 2 set. 2019). Havia também imagens do Satélite CBERS (China-Brazil Earth-Resources Satellite), que foi um satélite construído em conjunto no programa espacial entre Brasil e China. O usuário podia fazer o *download* gratuito das imagens a partir do endereço do Inpe (<http:www.dgi.inpe.br>, acesso em: 2 set. 2019). Essa é uma área em que a tecnologia e os serviços oferecidos evoluem rapidamente e, com certeza, quando o leitor tiver acesso a este texto, outros recursos estarão disponíveis.

Assim, o leitor pode pesquisar do seu computador a superfície terrestre e localizar imagens espetaculares de estruturas geológicas. E, quem sabe, algum dia visitá-las no campo. Sugere-se que o leitor possa iniciar sua pesquisa pelos seguintes locais:

Cinturões de dobramento:
- Cordilheira dos Andes: (a) entre as cidades argentinas de San Juan e Mendoza; (b) entre as cidades bolivianas de Santa Cruz de La Sierra e La Paz;
- Apalaches: entre as cidades americanas de New York e Pittsburgh;
- Cinturão do Cabo: no extremo sul da África, entre as cidades de Cape Town e Port Elizabeth (por exemplo, em torno da cidade de Laingsburg); e
- No Brasil: a) Faixa Paraguai, entre as cidades de Cuiabá e Cáceres (MT), b) Na Bahia, entre as cidades de Rio das Contas e Novo Horizonte.

Grandes falhas:
- Falha transcorrente de San Andreas – pode ser pesquisada diretamente na ferramenta de busca do Google Earth (digite "San Andreas Fault");
- Falha transcorrente de Além Paraíba (RJ);
- Falha transcorrente do Lineamento de Patos (PE); e
- Falha inversa da Escarpa da Serra do Espinhaço (Serra do Cipó), entre Cardeal Mota e Presidente Juscelino (MG).

Vales em rifte:
- Grande sistema de lagos, vales e vulcões no Leste africano na Etiópia, Quênia, Tanzânia e Moçambique;
- Vale do Paraíba do Sul e Serra da Mantiqueira, entre São José dos Campos, Monteiro Lobato, Taubaté e Cruzeiro (SP); e
- Lago Baikal, na Sibéria (Rússia).

Regimes tectônicos

As estruturas geológicas podem ser formadas em três regimes tectônicos principais: compressivos, distensivos e transcorrentes. Em cada um dos três regimes ocorrem associações específicas de dobras, falhas e outras estruturas geológicas, embora as dobras sejam encontradas mais comumente associadas aos regimes compressivos. Esses regimes se relacionam aos três limites de placas: convergente, divergente e conservativo.

Diversos tipos de estruturas podem se formar simultaneamente. Por exemplo, no regime compressivo, uma dobra pode evoluir para uma falha de empurrão com o desenvolvimento de foliações plano-axiais ao mesmo tempo. É comum também a sucessão delas no tempo, ou seja, uma estrutura mais nova afetando outra mais antiga (estruturas de sobreposição). Assim, uma dobra formada em um dado momento em uma certa profundidade na crosta (sob condições de deformação dúctil) pode, em um momento seguinte, em um nível crustal mais raso (sob condições de deformação rúptil), ser afetada por falhas, materializando, desse modo, um quadro de sobreposição de estruturas. Essa ordem de sobreposição pode ocorrer ao contrário e, nesse caso, teremos uma falha dobrada.

Por outro lado, a formação de dobras e falhas pode acontecer ao mesmo tempo, porém em regiões diferentes da crosta, mas com articulação entre dois regimes (por exemplo, compressivo e distensivo), de forma análoga ao que ocorre em um leque ou em um acordeão, enquanto uma extremidade é estendida, a outra é encurtada. Essa situação é exemplificada na **Figura 7.28**, na experiência com modelo reduzido em caixa de areia.

Regime compressivo

O regime compressivo predomina em regiões da crosta sujeitas ao encurtamento, como nos segmentos ao longo de cadeias de montanhas. Esse regime, em escala global, é produzido pela convergência de placas litosféricas. Nessas regiões, a tensão compressiva predominante é horizontal, sendo então o local mais adequado para o desenvolvimento das dobras tectônicas e falhas de empurrão e cavalgamento.

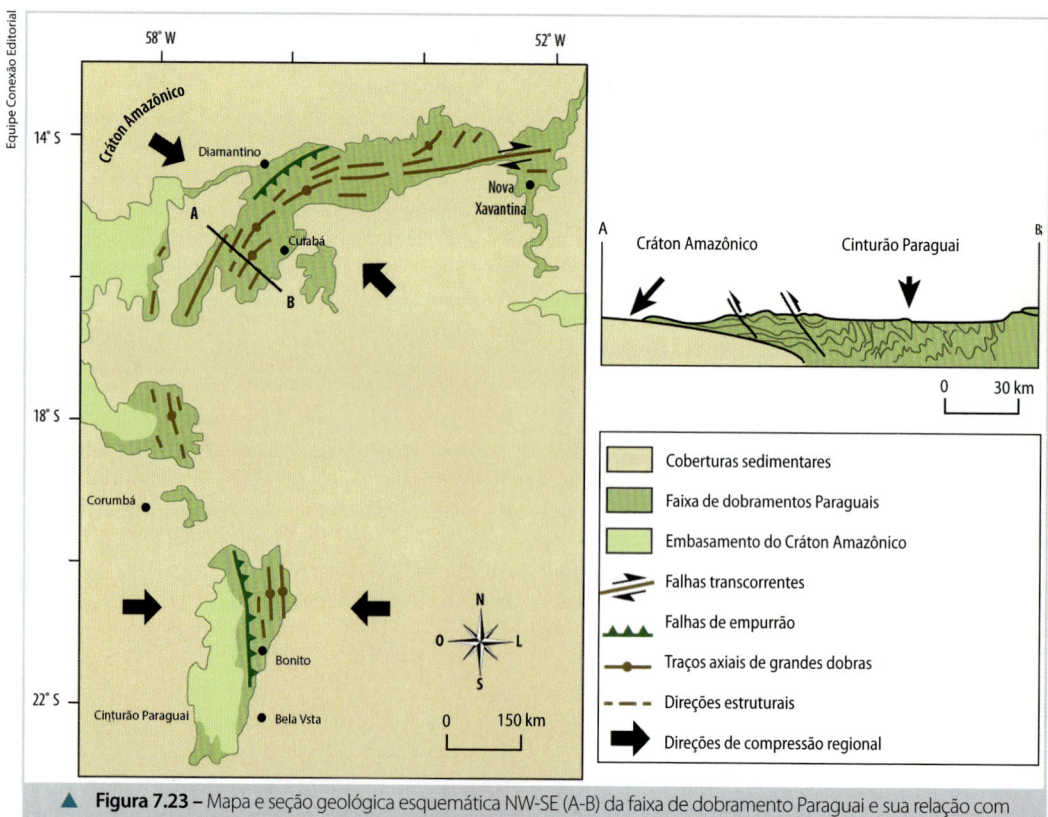

▲ **Figura 7.23** – Mapa e seção geológica esquemática NW-SE (A-B) da faixa de dobramento Paraguai e sua relação com o Cráton Amazônico, situado a oeste e nordeste dela. A orientação ao redor de N-S da parte meridional da faixa mostra uma forte inflexão para leste na altura de Cuiabá (MT) até as proximidades de Nova Xavantina (MT). As duas setas maiores indicam o sentido de compressão da faixa contra o cráton. Fonte: adaptado de Campanha e Brito Neves (2004).

Entre um cinturão orogênico e o seu antepaís (isto é, a área continental estável adjacente) é usual o desenvolvimento de uma faixa de empurrões e dobramentos, de modo que os pacotes sedimentares e eventualmente vulcânicos ali presentes são empurrados no sentido e sobre o antepaís (**Figura 7.23**).

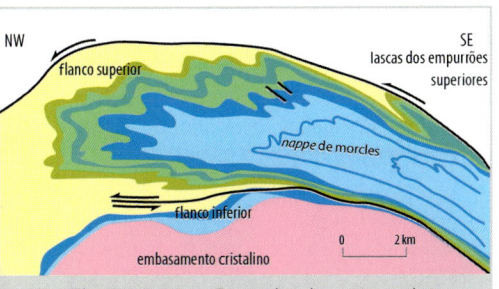

▲ **Figura 7.24** – Exemplo de *nappe* alpina (*nappe* de Morcles): estruturação interna e sua relação com o embasamento (Maciço Aiguilles Rouges). Trata-se de uma dobra deitada com o flanco inferior fortemente estirado e paralelizado com uma falha sub-horizontal, situada no contato com as rochas do embasamento. Essa falha é o plano de ruptura ao longo do qual a *nappe* foi deslocada horizontalmente por uma distância superior a 100 km. Fontes: Ramsay e Huber (1987); após Ramsay (1981).

Em regiões submetidas a esse regime é comum o desenvolvimento de lascas de empurrão empilhadas e de *nappes*. *Nappe* é um termo aplicado a um corpo rochoso que sofreu um grande deslocamento (maior que 100 km) sobre uma falha de empurrão, em geral sub-horizontal, que foi originalmente descrito nos Alpes, no século XIX. São corpos alóctones, ou seja, não se encontram mais em seu local original de formação (**Figura 7.24**). Associam-se frequentemente a dobras recumbentes, que são dobras com superfície axial horizontal, sendo por isso mesmo denominadas dobras deitadas.

As falhas de empurrão ocorrem também associadas a dobras e podem representar o produto final de evolução do processo de dobramento (ver ensaio da caixa de areia, mais adiante).

Regime distensivo

Em escala global, o regime distensivo encontra-se associado a regiões de divergência de placas litosféricas. Os exemplos mais típicos são as cadeias mesoceânicas e locais onde os continentes estão se abrindo, como nos vales em rifte (forma aportuguesada do inglês *rift*) do Sudeste africano. Algumas margens continentais, como da costa

▲ **Figura 7.25** – Vista aérea do relevo da Serra da Mantiqueira, Vale do Paraíba, entre São Paulo e Rio de Janeiro, mostrando sua configuração em rifte, com o *graben* central (região deprimida do Vale do Paraíba) e os *horsts* da Serra da Mantiqueira, ao norte, e a Serra do Mar, ao sul. No litoral observam-se as cidades de Caraguatatuba à esquerda, e Ubatuba à direita. No *graben* (vale) do Paraíba, as cidades de São José dos Campos à esquerda, Caçapava e Taubaté à direita. (Figura composta por imagens de satélite Landsat e SRTM.)

brasileira, referidas como do tipo Atlântica, formaram-se em regime distensivo, durante a separação dos continentes.

No regime distensivo ocorrem regiões de afundamento da crosta, onde se formam depressões (bacias) alongadas e limitadas lateralmente por falhas normais, conhecidas como vales em rifte, ou vales de afundamento. Essas depressões acham-se preenchidas por sedimentos, continentais ou marinhos, às vezes por rochas vulcânicas e vulcanoclásticas e possuem, em geral, expressão topográfica. Exemplos espetaculares desse tipo de estrutura são encontrados ao longo da costa sudeste brasileira, tanto na área continental como na área submersa (plataforma continental). É o caso do vale do Rio Paraíba do Sul, entre São Paulo e Rio de Janeiro (**Figura 7.25**). Ao mesmo tempo em que a bacia central do Vale do Paraíba do Sul estava sendo desenvolvida pelo afundamento de porções da crosta, as regiões adjacentes eram soerguidas, com formação de estruturas também alongadas, em forma de blocos limitados por falhas normais, hoje representadas pelas Serras da Mantiqueira e do Mar. O bloco alçado limitado por falhas normais é denominado *horst*, e o rebaixado, *graben* (**Figura 7.26**).

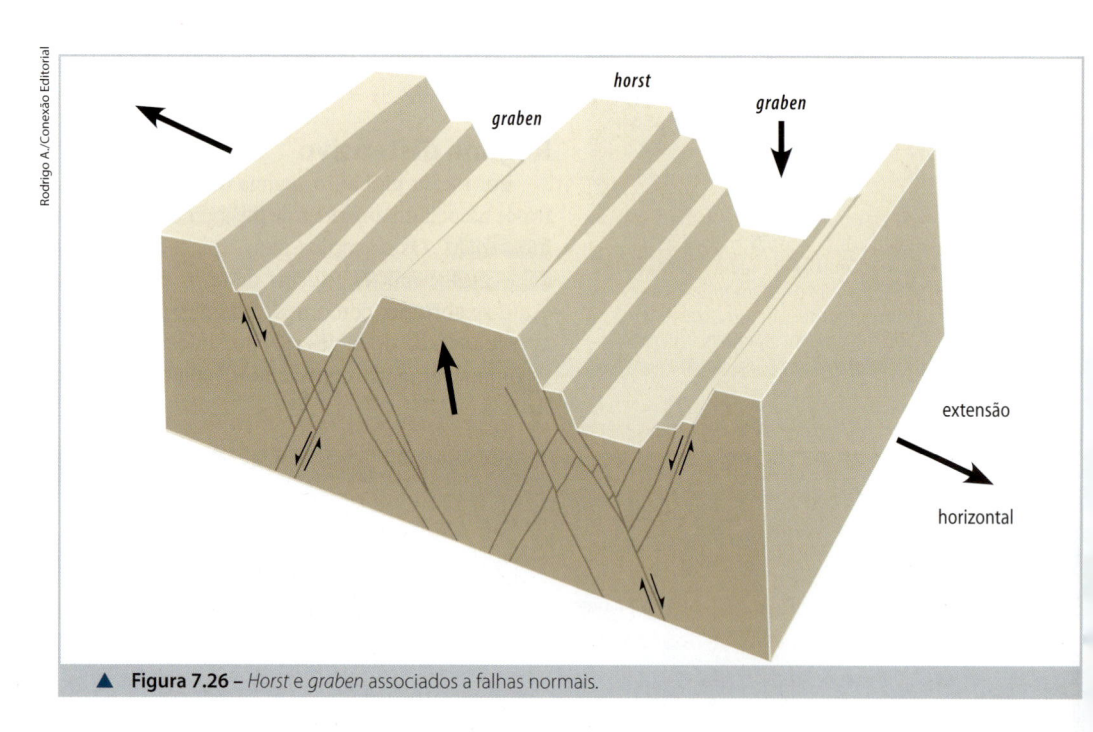

▲ **Figura 7.26** – *Horst* e *graben* associados a falhas normais.

Regime transcorrente

Grandes falhas transcorrentes constituem feições estruturais das mais espetaculares da crosta da Terra. Respondem pela organização e estruturação de muitos terrenos metamórficos, tanto antigos (pré-cambrianos) como recentes. Possuem extensão da ordem de dezenas a centenas de quilômetros e largura da ordem de dezenas a centenas de metros, não se limitando a um único plano de falha, mas representando inúmeras falhas associadas. Algumas dessas falhas cortam toda a litosfera, sendo então referidas como falhas transformantes. Nesses casos, elas funcionam como limites de placas e "ajustam" o movimento entre outros limites de placas adjacentes. Essas estruturas ocorrem tanto associadas às cadeias mesoceânicas como às bordas continentais. Os penedos de São Pedro e São Paulo, pequenas ilhas pertencentes ao Brasil no meio do Oceano Atlântico, situam-se em uma falha transformante oceânica, que segmenta a cadeia mesoatlântica, estando em uma área sujeita a terremotos constantes. A conhecida falha de San Andreas na Califórnia, também sujeita à atividade sísmica, corresponde a uma falha transformante de borda de continente.

Falhas transcorrentes de menor porte ocorrem em outros ambientes tectônicos, tanto no regime compressivo como no regime distensivo. A zona de colisão continental, entre o subcontinente indiano e a placa eurasiana, é limitada lateralmente por grandes falhas transcorrentes.

No Brasil, expressivas zonas de falhas transcorrentes pré-cambrianas têm sido descritas nas regiões Sudeste e Nordeste. Na primeira região, destacam-se as falhas de Além-Paraíba e Cubatão, situadas, respectivamente, no Rio de Janeiro e São Paulo, Jundiuvira e Taxaquara, essa última nos arredores da capital paulista. Na Região Nordeste destacam-se as falhas de Pernambuco (PE) e Patos (PB). São falhas que possuem extensão superior a 300 km (**Figura 7.27**).

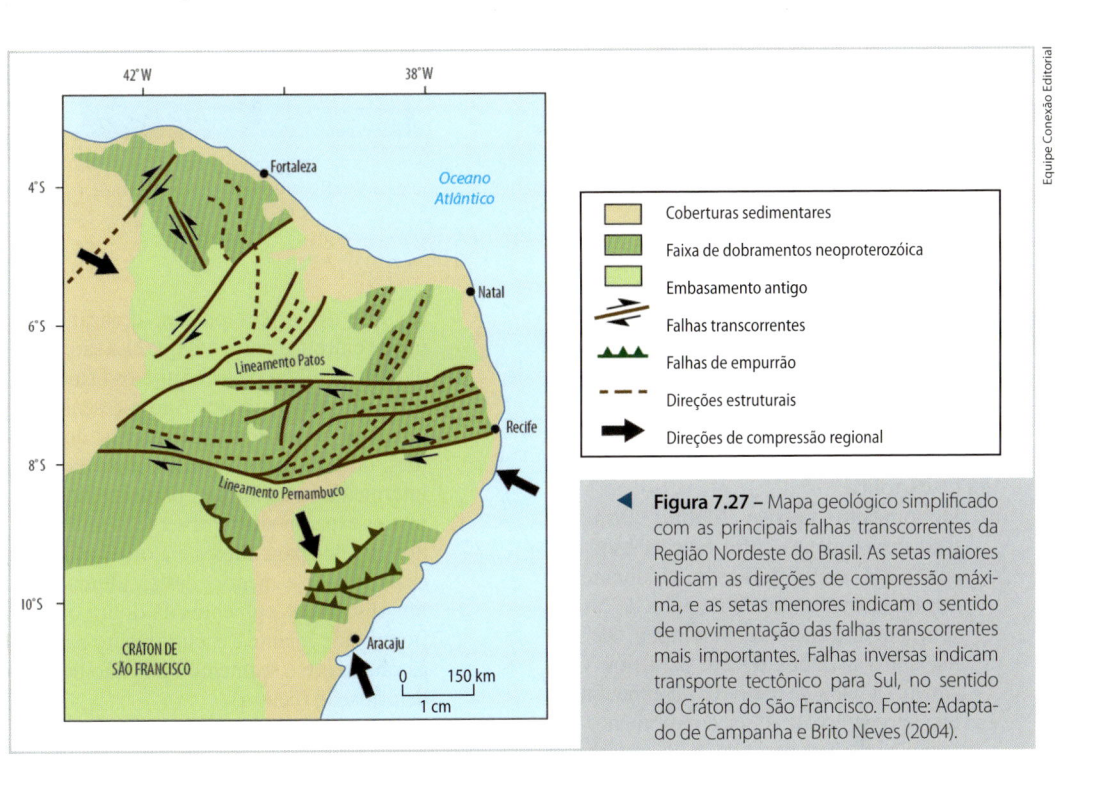

Figura 7.27 – Mapa geológico simplificado com as principais falhas transcorrentes da Região Nordeste do Brasil. As setas maiores indicam as direções de compressão máxima, e as setas menores indicam o sentido de movimentação das falhas transcorrentes mais importantes. Falhas inversas indicam transporte tectônico para Sul, no sentido do Cráton do São Francisco. Fonte: Adaptado de Campanha e Brito Neves (2004).

Quadro 7.4 – Experiência de caixa de areia

A deformação da crosta terrestre pode ser simulada por intermédio de diversos experimentos em escala de laboratório. Um dos mais simples é com uma caixa de areia (**Figura 7.28**). O aparato consiste essencialmente em uma caixa, que pode ser inteiramente de vidro ou cuja lateral seja de vidro, com o formato de um aquário. Internamente é instalada uma divisão móvel, que pode ser deslocada com a mão ou com o uso de macanismos mais elaborados, como um sistema articulado, por uma rosca sem fim, acionada por manivela ou motor elétrico. Nos dois compartimentos, separados pela divisão móvel, são colocadas camadas horizontais niveladas de areias coloridas, com diferentes granulumetrias. Movendo-se lentamente a divisória, um dos compartimentos sofre compressão e o outro, distensão. No compartimento sob compressão desenvolvem-se dobras e falhas inversas, com elevação de blocos e da superfície do "terreno". No compartimento sob distensão desenvolvem-se falhas normais e vales de afundamento.

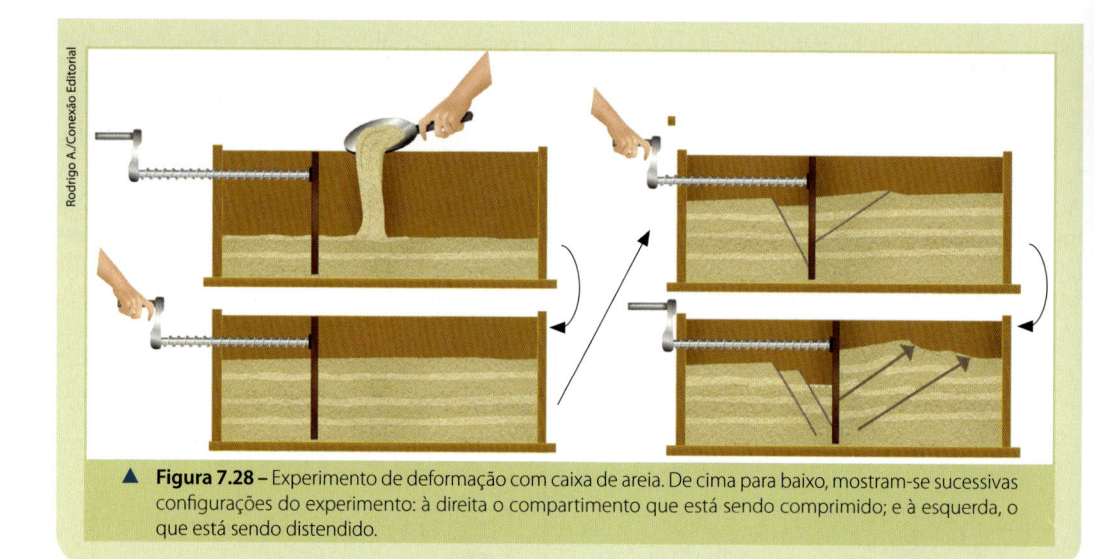

▲ **Figura 7.28** – Experimento de deformação com caixa de areia. De cima para baixo, mostram-se sucessivas configurações do experimento: à direita o compartimento que está sendo comprimido; e à esquerda, o que está sendo distendido.

Revisão de conceitos

Atividades

1. Mecanismos de dobramento
   Materiais necessários: cartões ou placas de isopor ou de espuma, caneta ou pincel atômico e tira de cartolina.
   a. Dobramento passivo (dobras formadas pelo deslizamento entre os cartões/placas, conhecidas como dobras de cisalhamento) – Inicialmente, monte uma pilha de cartões sobre uma superfície horizontal, de forma que seus lados fiquem paralelos. Gire, em 90°, a pilha de cartões e desenhe uma linha perpendicular ao seu comprimento. Em seguida, deslize os cartões paralelamente, sendo maior na parte central e menor nas suas extremidades. Prossiga com a operação até formar uma dobra na parte externa dos cartões e observe a dobra desenhada pela linha traçada anteriormente. Para facilitar a realização do experimento, use um anteparo curvo (tira de cartolina ou similar), que permite acomodar melhor as extremidades dos cartões e desenhar uma curvatura bem definida. Repita a mesma operação com uma linha traçada de forma oblíqua à base ou ao topo do maço de cartões e compare o resultado obtido.
   b. Dobramento ativo – Utilize os mesmos materiais do experimento anterior e promova o encurtamento dos cartões no sentido do seu comprimento. Faça duas simulações: uma em que os cartões possam deslizar livremente entre si e outra em que eles são impedidos disso. Para tanto, segure-os firmemente em suas extremidades. Agora desenhe três linhas de círculos na face anterior dos cartões: uma na parte superior, uma na parte intermediária e outra na parte inferior. Repita os experimentos e observe as mudanças dos círculos para elipses e a orientação dos eixos (maior e menor) destas últimas. Por fim, discuta os segmentos da dobra que sofreram estiramento e encurtamento paralelo às camadas e o segmento onde não ocorreu deformação (neutra).
   c. Compare os resultados obtidos das duas simulações.
2. Tipos e rejeitos de falhas
   Materiais necessários: dois segmentos de madeira ou isopor (8 a 10 cm de comprimento) com seção quadrática ou retangular (4 × 3 cm); serrote ou serra de madeira; e caneta ou pincel atômico.
   a. Falhas normal, inversa (reversa ou de empurrão) e transcorrente – Corte cada segmento de madeira em duas partes (ou blocos): uma com ângulo de 60° (inclinação com relação à face superior do bloco ou à sua horizontal) e outra com ângulo de 90°. Em ambos os casos, os planos de corte correspondem aos planos de falha, e os blocos resultantes, aos blocos de falhas; um é a capa (ou muro) e o outro é a lapa

(ou teto). No primeiro caso, trace nos dois blocos a intersecção com um plano imaginário horizontal nos dois blocos. Com isso, obtém-se uma linha de referência horizontal nas faces anteriores dos dois blocos e em seus planos inclinados. No segundo caso, a intersecção deve ser feita também nos dois blocos, porém com um plano imaginário vertical. Nesse caso, obtém-se uma linha de referência horizontal paralela às arestas dos blocos e uma linha vertical (no plano de falha) marcada em ambos os lados dos blocos. Essas linhas representam a intersecção de planos paralelos às faces anterior e posterior dos referidos blocos. Para reproduzir os diferentes tipos de rejeitos (normal, inverso, oblíquo e direcional ou transcorrente) observados nas falhas dos dois experimentos aqui propostos, recorra aos exemplos ilustrados nas **Figuras 7.20** e **7.22** deste capítulo.

3. Caixa de areia para simular deformação da crosta terrestre

    Materiais necessários: uma caixa de vidro/acrílico ou cuja lateral seja de vidro/acrílico, semelhante a uma caixa de aquário; areia com granulação entre 0,25 e 0,50 mm; e tinta de colorir, preferencialmente de têmpera em pó ou de corante alimentício.

    a. Experimento de compressão e distensão simultâneas – Instale uma divisória móvel, que pode ser deslocada com a mão ou com o uso de mecanismos mais elaborados, como um sistema articulado ou um parafuso com rosca sem fim, que podem ser acionados por manivela ou por motor elétrico. Nos dois compartimentos, separados pela divisória móvel, adicione várias camadas de areias coloridas com espessura de cerca de 1,0 cm cada, tendo o cuidado de deixar plana a superfície de cada camada. Desloque lentamente o compartimento móvel, de forma que um dos compartimentos sofra compressão e o outro, distensão. No primeiro compartimento, serão formadas dobras e falhas e ocorrerá elevação da superfície do "terreno". No segundo compartimento, serão formadas falhas normais e vales de afundamento. Em ambos os casos, a deformação pode ser quantificada com o uso de uma escala métrica colocada na lateral da caixa.

4. Modelos de papel para construção de blocos-diagramas com falhas e dobras

    Materiais necessários: tesoura e cola em bastão ou similar.

    a. Acesse o *site* <www.fault-analysis-group.ucd.ie> (acesso em: 2 set. 2019), selecione, no menu *Educational Material* (Material educacional), os *papermodels* (modelos em papel) e faça o *download* de *fault types* (tipos de falhas) e de *plunging folds* (dobras). Em seguida, imprima os modelos propostos. Após a montagem dos blocos-diagramas, observe os diferentes tipos de rejeitos de falhas (normal, inverso, oblíquo e direcional ou transcorrente) e a configuração das dobras (sinclinais e anticlinais), em planta e em perfil, com eixos horizontais e inclinados.

GLOSSÁRIO

Amígdalas: São cavidades preenchidas por minerais encontradas em rochas vulcânicas. Formam-se pelo aprisionamento de gases durante a cristalização do magma.

Antepaís: Região adjacente de uma faixa dobrada (faixa móvel ou cadeia de montanhas) que se comporta como uma área rígida, ou seja, não é afetada pela deformação, enquanto a área vizinha se deforma.

Anticlinal: Dobra em cujo núcleo estão as camadas mais velhas.

Anticlinal sinformal: Dobra cuja concavidade ("boca") se volta para baixo e em cujo núcleo estão as camadas mais velhas.

Antiforma: Dobra cuja concavidade ("boca") se volta para baixo.

Atitude: Posição espacial de uma camada, definida por dois parâmetros: a direção do plano (ou horizontal) e o mergulho verdadeiro do plano, que é a orientação perpendicular a sua direção.

Bandamento metamórfico: É caracterizado pela alternância de leitos claros e escuros. Os primeiros são compostos predominantemente por quartzo e feldspatos, e os últimos, por biotita e hornblenda. É encontrado em rochas metamórficas de alto grau metamórfico, como gnaisses.

Brechas de falhas (ou brechas tectônicas): Ver glossário do Capítulo 6.

Cadeia mesoceânica (dorsal mesoceânica ou crista média oceânica): Corresponde a segmentos lineares de grandes cadeias de montanhas submersas no oceano com 2 a 3 km de altura, associadas a riftes e magmatismo proveniente do manto na sua parte central. Tais estruturas representam limites divergentes de placas litosféricas.

Capa (ou teto): Bloco que se situa acima do plano de falha.

Cinturão orogênico (ou cinturão de dobramento): Segmento linear da crosta em escala continental formado pelo encurtamento crustal que possui um padrão estrutural (dobras e falhas), metamórfico e geocronológico (intervalo de idades característico).

Compactação diferencial: Ocorre em camadas sedimentares de composições diferentes que mostram contraste de redução de volume durante a diagênese, a exemplo de sedimentos argilosos (maior redução de volume) e arenosos (menor redução de volume).

Deformação: Mudança na posição, na forma e no volume dos corpos.

Deformação dúctil: Ver glossário do Capítulo 6.

Deformação rúptil: Ver glossário do Capítulo 6.

Desconformidade (discordância paralela): Discordância de forma irregular que separa estratos paralelos acima (mais novos) e abaixo (mais antigos).

Deslizamento flexural: Mecanismo de dobramento que acompanha o encurtamento de camadas sem mudança de seu comprimento original, uma vez que ocorre o deslizamento entre elas controlado em grande parte por sua diferença de competência.

Direção de camadas: Direção de uma camada, ou outro plano qualquer, como uma fratura ou uma falha, é a orientação (o ângulo) com relação ao norte geográfico de uma linha horizontal dentro do plano.

Discordância angular: Ver glossário do Capítulo 5.

Disjunção colunar: Ver glossário do Capítulo 2.

Divergência de placas litosféricas: Limite de placas divergentes.

Dobra recumbente (ou dobra deitada): Dobra com flancos em geral paralelos e superfície axial sub-horizontal.

Dobramento ativo: Dobramento em que as camadas preexistentes oferecem resistência à compressão e, portanto, controlam o dobramento.

Dobramento passivo: Dobramento em que as camadas preexistentes não oferecem resistência à deformação e, portanto, não controlam o dobramento.

Dobras cilíndricas: Podem ser visualizadas geometricamente pela translação de uma linha no espaço.

Dobras por cisalhamento: Mecanismo de dobramento passivo no qual as camadas preexistentes não oferecem resistência à compressão, e as dobras formadas não apresentam encurtamento perpendicular às camadas, pois elas são formadas pelo deslizamento de planos paralelos que cortam ortogonal ou obliquamente uma camada (ou superfície) anterior.

Eixo da dobra: Em uma dobra cilíndrica, é a linha imaginária que, transladada no espaço, desenha a superfície dobrada. Por vezes, o termo é utilizado de forma mais vaga como sinônimo de linha de charneira.

Esforço (tensão, estresse ou *stress*): Expresso pela razão entre a força atuante em uma superfície e sua área.

Espelho de falha (*slickenside*): Superfície polida e estriada de um plano de falha.

Estrias de atrito: Riscos ou sulcos em um plano de falha, devido ao movimento e atrito entre os blocos.

Estruturas primárias: Estruturas originalmente presentes nas rochas sedimentares e ígneas.

Estruturas tectônicas: Estruturas produzidas pela deformação das rochas e de outros materiais geológicos, oriundas de forças do interior da Terra.

Faixa de empurrões e dobramentos: Segmentos de dobras e empurrões lineares nas porções marginais dos cinturões orogênicos ou cadeias dobradas com associação de dobras e falhas inversas, em geral de baixo ângulo.

Falha de rejeito direcional: Veja **Falha transcorrente.**

Falha inversa (reversa ou de empurrão): Falha em que a capa sobe em relação à lapa; implica em encurtamento crustal.

Falha normal (ou de gravidade): Falha em que a capa desce em relação à lapa; implica em extensão crustal.

Falha transcorrente (ou de rejeito direcional): Falha com plano usualmente vertical e deslocamento (rejeito) predominantemente horizontal entre os blocos. O movimento observado em uma falha transcorrente pode ser de dois tipos: sinistral (ou anti-horário) e destral (ou horário).

Falhas profundas: São falhas geradas tipicamente no campo de deformação dúctil (< 12 a 15 km), onde as condições de temperatura e pressão são suficientemente elevadas para promover a recristalização parcial ou total dos minerais e a sua neoformação.

Falhas superficiais: São falhas geradas comumente no campo de deformação rúptil (< 10 km), onde as condições de temperatura e pressão são ainda relativamente baixas e não suficientes para promover a recristalização dos minerais, havendo apenas sua fragmentação ou esmagamento.

Falhas transformantes: São zonas de fraturas lineares encontradas no fundo do assoalho oceânico, com extensão de 4000 a 5000 km, e que segmentam as cadeias mesoceânicas. Tipo especial de falha transcorrente que se constitui em limite de placas litosféricas e acomoda o movimento entre os limites de placas convergentes ou divergentes, por exemplo, entre dois segmentos de dorsais limites de placas litosféricas.

Flambagem: É o encurvamento sofrido por uma barra ou viga metálica quando sujeita a um esforço compressivo.

Flanco (ou limbo) de uma dobra: É a região de menor curvatura em uma superfície dobrada.

Fluência (*creep*): Deformação plástica que ocorre em um material, sob tensão constante ou quase constante, em função do tempo.

Foliação de fluxo (magmático): Orientação planar definida pelo alinhamento de minerais ígneos como resultado do fluxo ocorrido em rochas vulcânicas e plutônicas.

Foliação plano-axial: Orientação planar e de origem tectônica dos minerais, paralela ao plano axial de uma dobra.

Forças compressivas: Levam à redução de volume dos corpos rochosos e ao encurtamento das camadas, formando dobras e falhas inversas ou de empurrão. Na escala global, produzem o encurtamento da crosta e a formação de cadeias de montanhas.

Forças distensivas: Levam à extensão das camadas em uma direção, a qual é compensada pelo encurtamento em outra direção, formando falhas normais ou de gravidade. Na escala global, produzem a extensão da crosta e a formação/expansão das cadeias mesoceânicas e de bacias sedimentares do tipo rifte no interior dos continentes ou em sua margem, a exemplo das bacias costeiras petrolíferas brasileiras.

Fraturas: Planos de ruptura (quebra) nas rochas.

Fraturas de tração: Fraturas nas quais ocorreu um movimento de separação.

Graben: Bloco rebaixado limitado por falhas normais.

Grau geotérmico: Variação de temperatura com a profundidade no interior da Terra.

Gretas de contração (ou de ressecamento): Ver glossário do Capítulo 5.

Horst: Bloco alçado limitado por falhas normais.

Inconformidade: Ver glossário do Capítulo 5.

Junta: Fratura ao longo da qual não ocorreu deslocamento apreciável dos blocos.

Lapa (ou muro): Bloco que se situa abaixo do plano de falha.

Lascas de empurrão: Correspondem a fatias ou escamas de rochas separadas na base e no topo por falhas inversas, em geral de baixo ângulo.

Lava "em almofada" ou "almofadada": Ver glossário do Capítulo 3.

Lava "em corda" (*Pahoehoe*): Ver glossário do Capítulo 3.

Limites de placas (convergente, divergente e conservativo): Ver glossário do Capítulo 3.

Linha de charneira: Linha que conecta os pontos de máxima curvatura em uma superfície dobrada; de uma forma mais vaga, é sinônimo de eixo de dobra.

Mergulho aparente: Veja **Mergulho de uma camada**.

Mergulho de uma camada: Mergulho de uma camada, ou outro plano qualquer, como uma fratura ou uma falha, é o ângulo que o plano faz com a horizontal; o mergulho verdadeiro ou máximo mergulho é aquele medido em um rumo perpendicular à direção da camada.

Mergulho verdadeiro: Ver **Mergulho de uma camada**.

Milonitos: Ver glossário do Capítulo 6.

Nappe: Termo aplicado a um corpo rochoso que sofreu um grande deslocamento sobre um plano de falha horizontal ou de baixo ângulo de mergulho.

Paraconformidade: Quando a discordância é paralela aos estratos acima (mais novos) e abaixo (mais antigos).

Pressão (ou tensão) litostática: Ver glossário do Capítulo 6.

Pressão dirigida (anisotrópica ou diferencial): Ver glossário do Capítulo 6.

Pressão hidrostática: Ver glossário do Capítulo 6.

Redobramento: É quando uma geração de dobras mais antigas é dobrada (redobrada) por outra geração de dobras mais novas, gerando muitas vezes padrões de estruturas muito complexas.

Rejeito da falha: Deslocamento ao longo de uma falha de dois pontos que eram originalmente contíguos; equivale ao vetor de deslocamento.

Rejeito oblíquo: Rejeito no plano de falha que envolve componentes direcional e de mergulho.

Relevo apalachiano: Caracteriza-se por um relevo com alinhamento paralelo de cristas e vales, controlado por dobras dos tipos sinclinal e anticlinal.

Reologia: Ciência que estuda a maneira como os materiais se deformam quando são sujeitos à ação de forças ou de tensões.

Rifte (vales em rifte, ou vales de afundamento): Vale ou depressão linear de escala regional por causa de esforços distensivos, ladeados por falhas normais.

Sinclinal: Dobra em cujo núcleo estão as camadas mais jovens.

Sinforma: Dobra cuja concavidade ("boca") se volta para cima.

Superfície axial: Superfície que contém os eixos ou linhas de charneira em uma sucessão de superfícies dobradas. Quando a superfície axial é plana, pode ser denominada plano-axial.

Tectônica (ou Geotectônica): Especialidade das ciências geológicas que estuda as grandes estruturas em escala continental ou global.

Tectônica de Placas (ou Tectônica Global): Teoria mobilista unificadora em escala global, surgida no final da década de 1960 em substituição às teorias fixistas, que procura explicar a complexa evolução geológica da crosta terrestre com base na interação das placas litosféricas. Essa teoria se fundamenta na expansão do assoalho oceânico e nos elementos plausíveis da Deriva Continental.

Tensão cisalhante: Componente da tensão paralela à superfície de atuação.

Tensão isotrópica: Ocorre quando o corpo está sujeito a forças de mesma intensidade em diversas direções, sendo semelhante à pressão hidrostática.

Tensão não isotrópica (ou não anisotrópica): Veja **Pressão dirigida**.

Tensão normal: Componente da tensão perpendicular à superfície de atuação.

Tensão tectônica compressiva: Veja **Forças compressivas**.

Vesículas: Ver glossário do Capítulo 3.

Xistosidade: Ver glossário do Capítulo 6.

Zona de charneira de uma dobra: É a região com maior curvatura em uma superfície dobrada.

Zona de cisalhamento dúctil: Contraparte profunda na crosta de uma falha, onde o deslocamento entre os blocos é absorvido por deformação dúctil; zona tabular de deformação dúctil.

Referências bibliográficas

CAMPANHA, G. A. C.; BRITO-NEVES, B. B. Frontal and oblique tectonics in the Brazilian Shield. *Episodes*, v. 27, n. 4, p. 255-259, 2004.

CLARK JR., S. P. *Estrutura da Terra*. Edgard Blücher Ltda., 1973. 122 p.

DAVIS, G. H.; REYNOLDS, S. J. *Structural Geology of Rocks and Regions*. New York: John Wiley & Sons, 1996. 776 p.

FOSSEN, H. *Geologia estrutural*. São Paulo: Oficina de Textos, 2012. 584 p.

HOBBS, B. E.; MEANS, W. D.; WILLIANS, P. F. *An outline of structural geology*. 1. ed., cap. 4, p.161-199. John Wiley & Sons, Inc. 571p.

LOCZY, L.; LADEIRA, E. *Geologia estrutural e introdução à Geotectônica*. São Paulo: Edgar Blücher Ltda., 1976. 528 p.

PARK, R. G. *Foundations of Structural Geology*. Blackie & Son Ltda., 1983. 135 p.

RAGAN, D. M. *Structural geology, an introduction to geometrical techniques*. New York: Wiley. 2. ed., 208 p, 1973.

RAMSAY, J. G. *Folding and Fracturing of Rocks*. New York: McGraw-Hill Book Co., 1967. 568 p.

_____. Tectonics of the Helvetic Nappes. *Geological Society, London, Special Publications*. Vol. 9, n. 1, p. 293-309. 1981.

_____. HUBER, M.I. *Modern structural geology*. Vol. 2: Folds and faults. London: Academic Press, 1997.